轻轻翻开《海洋探索》，深藏海底的人类文明依稀可辨，千帆竞进的航海时代如在眼前，舞动奇迹的深海生命缤纷呈现，匪夷所思的海洋之谜有待解答……

最值得珍藏的海洋文化丛书

Ocean Discovery

海洋探索

主 编/傅 刚

文稿编撰/张永美

图片统筹/韩洪祥

中国海洋大学出版社
·青岛·

人文海洋普及丛书

总主编　吴德星

顾　问

普及海洋知识

迎接蓝色世纪

文圣常

二〇二一年三月

著名物理海洋学家、中国科学院资深院士文圣常题词

弘扬海洋文化 共享人文华章

——出版者的话

海潮涌动，传递着大海心底最深沉的呼唤；人海相依，演绎着人与海洋最炽热的情感。慢慢走过的岁月，仿佛是船儿在海面经过的划痕，转瞬间成为永恒。这里既有海洋的无限馈赠，更有人类铸就的恢弘而深远、博大而深邃的海洋文化。

为适应国家海洋发展战略需求，普及海洋知识，弘扬海洋文化，我社倾力打造并推出了这套"人文海洋普及丛书"，希望能为提高全民尤其是广大青少年的海洋意识作出应有贡献。

依托中国海洋大学鲜明的海洋学科和人才队伍优势，我社一直致力于海洋知识普及和海洋文化传播工作，这是我们自觉肩负起的社会责任，也是我们发自心底对海洋的挚爱，更是我们对未来海洋事业发展的蓝色畅想。2011年推出的"畅游海洋科普丛书"，在社会上产生了广泛而良好的影响，本丛书是我社为服务国家海洋事业献上的又一份厚礼。

本丛书共6个分册，以古往今来国内外体现人文海洋主题的研究成果和翔实资料为基础，多视角、多层次、全方位地介绍了海洋文化各领域的基础知识和经典案例及轶闻趣事。《海洋文学》带你走进中外写满大海的书屋，倾听作者笔下的海之思、海之诉；《海洋艺术》带你穿越艺术的历史长廊，领略海之韵、海之情；《海洋民俗》带你走进民间，走近海边百姓，一睹奇妙无穷的大千世界；《海珍食话》让你在领略海味之美的同时了解它们背后的文化故事；《海洋探索》引你搭乘探险考察之船，体验人类在海洋探索过程中的每一次心跳；《海洋旅游》为你呈现大海的迤逦风光，而海洋文化价值的深度挖掘更会令你把每一处风景铭刻在心……

本丛书以简约隽永的文字配以大量精美的图片，生动地展现了丰富的海洋文化，让你在阅读过程中享受视觉的盛宴。典型案例的提炼与基础知识的普及相结合，文化、历史、轶闻趣事熔于一炉，知识性与娱乐性融为一体，这是本丛书的主要特色。

为打造好这套丛书，中国海洋大学吴德星校长任总主编，率领专家团队精心创作；李华军副校长为总策划，为本丛书的出版出谋划策。90岁高龄的中国科学院资深院士、著名物理海洋学家文圣常先生亲笔题词：普及海洋知识，迎接蓝色世纪。本丛书各分册的主编均为相关领域的专家、学者，他们以强烈的社会责任感、严谨的治学精神、朴实而不失优美的文笔精心编撰，为丛书的成功出版奠定了牢固基础。

这是一套承载着人文情怀的丛书，她洋溢着海洋的气息，记录了人类与海洋的每一次邂逅，同时也凝聚了作者和出版工作者的真诚与执著。文化的魅力在于一种隽永的美感，一种不经意间受其浸染的魔力，饱览本丛书，你可能会有些许的感动，会有意想不到的收获……

热爱海洋，要从了解海洋开始。愿"人文海洋普及丛书"能使读者朋友对海洋有更加深刻的认识，对海洋有更加炽热的爱！

　　放眼大海，波光粼粼，海天一色。深沉的大海经历过怎样的波澜？曾经多少光辉灿烂的古城历经沧海桑田，淹没水下，多少扬帆起航的船只在惊涛骇浪中沉入海底！大海像一个温馨的家园，庇护着不幸沉睡于此的外来客，让它们静静地延续自己的历史。时间并没有将它们遗忘，浮出海面的它们展现着曾有的荣光。

　　茫茫大海，漫漫征程，人类很早就开始了横渡沧海、寻找另一方土地的航行。有乘风破浪的凯旋者，也有葬身大海的不归人。哥伦布和麦哲伦掀开地理大发现的篇章，海上强国随之崛起；阿蒙森和斯科特勇攀冰雪高原，刻下永不磨灭的感人事迹；开辟北极航路的岁月里，茫茫冰洋路映照着开拓者的身影。不屈不挠的航海先驱们沟通了大洲和大洋，拼接起了世界版图。茫茫大海也记下了英雄挑战极限的壮举，纵使海水留不住他们前行的痕迹，历史却不会将他们遗忘。多年以后，依然使我们为之深深感动。

　　人类探索和开发海洋的脚步从未停歇。当陆上的资源开始告急，人类将目光投向了地球上最后的处女地——海洋。

各种海洋科学考察活动进行得如火如荼，各种深潜器在幽深的海洋中大显身手，探寻着黑色海洋中悄然绽放的生命。海洋以全新的面貌呈现在世人眼前。

时光不能倒流，传说中消失的亚特兰蒂斯文明很难被证实；科学目前也难以解释，百慕大三角神秘而离奇的海洋事故缘何而起。海洋神秘的面纱依然未掀起，未知的世界吸引着人类去探索，去发现……

Contents 目录

海洋考古

　　浪逐沙滩，海鸥欢歌，律动的自然，灵动的生命，伴随海洋经久不息的浪花，见证千百万年沧海桑田的变迁。人类探险与征服海洋的活动并未随着海水的流动而彻底消失。在深深的海底，在海洋的记忆深处，留下了历史的印记。

南海Ⅰ号宝船归来

2007年12月22日，一艘南宋古船穿越历史的迷雾呈现在人们眼前。也许这艘古船的主人在出发前不会想到，它会在航行途中于广东阳江沉没，更不会想到它会在南海之隅安静地沉睡了8个多世纪后，在重振的华夏与我们相逢。静默的船体诉说着久远的故事，一个个时代记忆因它的出现逐渐清晰。它曾经与岳飞、陆游、文天祥处于同一个时代，是我们追溯历史的载体；清明上河图所呈现的繁荣可在它身上寻到一丝的印记；它还是那个时代海上丝绸之路的一个旅者，带着富国强兵的梦想在浩渺的海洋国土上开疆拓野。

↑打捞南海Ⅰ号

南海Ⅰ号的前世今生

曾经的水下考古，缺少现实的实物资料，一切的研究只能从古籍上零星的记载来寻觅，却总难觅到真迹。南海Ⅰ号的出现，在我们一睹其原貌，体会设计者、创造者的用心之时，也使得海上丝绸之路的历史渐渐清晰。那个时期、那条路上的那艘船，承载着历史的使命，从遥远的年代驶来，曾经的兴衰荣辱不再虚幻。我国水上考古的新坐标由此建立，所有的工作据此全面铺开，更多的新篇章有待书写。

南海Ⅰ号是一艘南宋时期福建泉州特征的木质尖头商船，长30.4米，宽9.8米，所承载的金手镯、金腰带、瓷器等文物有6万至8万件。出水的完整瓷器多达2000多件，品种超过30种，涉及德化窑、磁灶窑、景德镇窑系等精品，也有一些具有浓郁阿拉伯风情的瓷器，既有棱角分明的酒壶，又有喇叭口的大瓷碗。南海Ⅰ号历经800多年的海水侵蚀依然能够伫立，对我们今天的造船技术或许有一定的启发。我们也可以从那些具有阿拉伯风情的喇叭大口碗和金腰带等生活用品中，一窥当时南宋的海外贸易和社会生活。

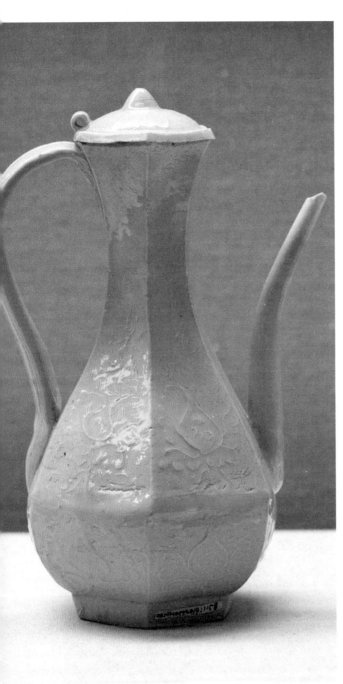

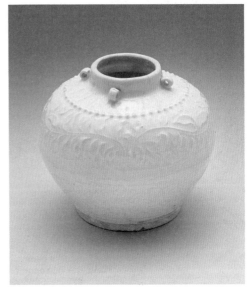

↑南海Ⅰ号出水的文物

在海底沉睡了8个多世纪的南海Ⅰ号，如今已变得"虚弱"不堪。为了对其实行切实有效的保护，考古人员为其量身订制了一个长35.7米、宽14.4米、高12米，重达530吨的沉井整体罩住沉船及其周围的淤泥，再从沉井底部两侧穿引36根钢梁，小心翼翼地将沉睡海底的古船连同淤泥一起捧出，安放在与沉船所在海底环境几乎完全一样的巨型玻璃缸内。玻璃缸内还以透明的亚克力胶为材料建造了两条长60米、宽40米的水下观光走廊。

如今，古船安详地躺在专门为它建造的"水晶宫"里，坦然面对人们的参观和研究。安静的船体掩饰不住它内心的波澜，船上所承载的历史记忆急切地需要人类去唤醒。尽管木质结构已经疏松，依然需要接受人类的不断造访，以便人类从中获取更多的信息，最大限度地发挥它的考古价值。这也成为沉船发掘后面临的最大问题。南宋古船的保护与研究工作同样举足轻重。

↓南海Ⅰ号考古现场

悄然唤醒的海上丝绸之路

陆上丝绸之路早已为人们所熟知，海上丝绸之路却因海洋独特的环境条件而缺少实际的证据。海上丝绸之路是海上船舶进行贸易往来的航道，货物并不仅限于丝绸，还有我国输往国外的陶器和瓷器，国外香料也经此航道输入我国。于是，"香料之路"、"陶瓷之路"的名称伴随而来。

汉代已经有了关于海上丝绸之路的记载。当时中国对外贸易的港口非常少，交流的国家也只限于邻近的东南亚各国，还从未出过远门。唐宋时期，海外贸易最为繁荣，海上丝绸之路也已不再局限于东南亚，当时的中国正逐渐跻身于世界贸易大国。这一点我们从世界各国沿岸港口出土的中国瓷器等文物便可知晓。在华夏走向复兴的今天，我们更加有必要去了解这条我们祖先同世界各国进行文化交流的海上桥梁，去唤醒它曾经的辉煌。

尽管对海上丝绸之路的探索从未停止过，有关其具体航线的资料记载却零星而模糊。加上缺少考古发现的有力证据，我们的研究长期以来只能蹒跚着踽踽独行。就在我们倍感迷茫的时候，南海Ⅰ号沉船的整体成功打捞，其在海上丝绸之路航线上的定格，古船上众多的文物，在令世人感到震惊和赞叹的同时，也给迷雾中的海上丝绸之路研究乍泄了缕缕阳光。南海Ⅰ号的发掘足以说明这条航线当时的繁忙与辉煌，也使得古船经过的广州、阳江等港口在海上丝绸之路中的地位及有关的研究有了实物的证明。

南宋古船到底会讲述怎样的繁华和覆灭，我们拭目以待……

↓存放南海Ⅰ号的博物馆

光荣与梦想

——"阿托卡夫人"号沉船的发现

"阿托卡夫人"号沉船具有"世界第三大宝藏"的美誉，仅次于埃及法老图特卡蒙之墓和英国王室珠宝。船上珠宝有近40吨，黄金近8吨，宝石也有500千克，价值超过4亿美元。就是这样一艘价值连城的沉船，在海底竟然沉睡了3个半世纪。漫长的历史并没有使它淡出人们的记忆，沉船上巨大的财富令人们无法停止追寻的脚步。梅尔·费雪就是这次寻宝之旅中的胜利者，1985年他将"阿托卡夫人"号呈现在世人面前，终结了这场财富之梦。

"阿托卡夫人"号沉船——海上罹难的"贵夫人"

自从哥伦布开辟了新航路发现新大陆之后，一些西方国家开始了它们的殖民掠夺。西班牙在南美洲进行了残忍而野蛮的殖民掠夺——开发和经营那里的矿山，将金银珠宝占为己有，然后通过海上之路运送回国。

"阿托卡夫人"号是西班牙海上舰队中的一员，载满了珍贵的宝物。数以吨计的金银珠宝，将它打扮成一位"珠光宝气"的"贵夫人"。同时她也是一位"铁娘子"，因为她是一艘500吨的大帆船，船身坚固，配备有20门重型火炮和14门旋炮，以备不时之需。如此强大的武器装备，是用来对付它的克星——海盗的。

或许正因为这是一次非正义之举，才注定会有惨痛的结局。1622年8月，就在它与其他28艘船从南美洲经大西洋"衣锦还乡"时，没有遇到海盗，却遭遇了凶猛的飓风，飓风将舰队的最后5艘船轻而易举地覆灭于茫茫大海之中。"铁娘子"在无情的飓风面前显得如此柔弱和渺小，顷刻间被大海吞噬得无影无踪。其他船上的水手跳入海中想尽力挽回一些珠宝，但就在他们开始打捞时，祸不单行，第二次飓风紧随而来，下海的水手全部遇难。

寻宝之旅——跟随梅尔·费雪的脚步

对财富的渴望，对梦想的追求，对未知世界的好奇，使得人类伴随着探索的脚步上天入地甚至深入幽暗凶险的海底。海底沉船一直吸引着无数人为之冒险。寻找"阿托卡夫人"号沉船的人中，以美国人梅尔·费雪最具代表性。船体远达3个多世纪的沉没并没有使他望而却步，反而越挫

"阿托卡夫人"号

越勇，直到实现梦想。

　　梅尔·费雪从小就对神秘的大海充满兴趣，他很喜欢潜水，还在11岁时就亲手做了一套潜水服。他对财富尤其是那些海底的宝藏，有着极大的渴望，很早的时候就专注于潜水和寻找海底沉船。1955年，他成立了一个名叫"拯救财宝"的公司，开始了寻找"阿托卡夫人"号的奋斗。一年年过去了，岁月在梅尔·费雪的脸上留下了刻痕，他渐渐衰老了，"阿托卡夫

↑梅尔·费雪在展示打捞物品

人"号沉船却没有被他的执著感动，依然身影难觅。无数次的失望，无果的搜寻并没有使他放弃最初的坚持，他仍然无数次和家人一起巡游于大西洋海底。

　　数十载的艰辛探索，使梅尔·费雪积累了很多的经验，为寻宝的成功奠定了基础。1985年7月20日这一天成了梅尔·费雪的幸运日，成就了他一生中最大的荣耀。当探测器发出有金属的信号时，队员们有一点点激动。在除去一层沉积物之后，成堆的金条、银条、钱币和珠宝出现在眼前。一时间金币铺道，珠宝成山，整个海底也仿佛被这些金银珠宝发出的光芒照亮了。此时的梅尔·费雪在欣喜之余另有一番滋味在心头，为寻宝的种种艰辛付出在眼前呈现——那些丧生大海的队员以及他挚爱的儿子和儿媳，还有那段漫长而艰苦的岁月……

↓ "阿托卡夫人"号上出水的文物

　　梅尔·费雪团队将沉船上的金银珠宝小心翼翼地打捞出水面，又进行了长达两年的后期修复和保养，才使得那些珠宝重现光彩。梅尔·费雪还专门为"阿托卡夫人"号建造了一个博物馆，将沉船的宝物展示给世人，人们通过它见证了数世纪前遗留的巨大财富。参观的人们在钦佩赞叹的同时也难免唏嘘和感伤，巨大的财富浸透着掠夺的野蛮，每一件珠宝的背后满是眼泪和血腥，所散发的耀眼光芒中依稀可见蛮荒年代的伤感色彩……

↓为"阿托卡夫人"号建造的博物馆

永远的"泰坦尼克"号

当"泰坦尼克"号的名字被提起，当 *My Heart Will Go On* 的旋律响起，人们脑海中首先浮现的不一定是那艘庞大而豪华的游轮，也不一定是沉船时的惊心动魄，而是那个与它相关的凄美的爱情故事。这得益于美国导演卡梅隆根据史实拍摄的以爱情为主题的电影《泰坦尼克号》，那首荡气回肠的主题曲更是为电影锦上添花。电影与歌曲的相得益彰，成就了今天的"泰坦尼克"号传奇。但人类的好奇心远不会满足于一个传说，而是要更加深入地探索真正的"泰坦尼克"号，揭开它那神秘的面纱，还原其历史的本来面貌。

↑电影《泰坦尼克号》剧照

↓巴拉德在讨论工作

唤醒沉睡的"泰坦尼克"号

沉入深海的"泰坦尼克"号并没有将人们的记忆一并带入海底，人们对它的好奇与探索从它沉没时就未曾间断，直到1985年9月，这个沉睡近3/4个世纪的"海底女神"才被美国的罗伯特·巴拉德唤醒。当巴拉德发现"泰坦尼克"号的时候，除了兴奋，也有些沉重，眼前这个面目全非的"泰坦尼克"号还有那些永葬大海的亡魂勾起了他的感伤，当年何等气派的"泰坦尼克"号，因为噬铁菌的侵蚀已是锈迹斑斑，船头、船尾各在一处，足见沉船时的惨烈。巴拉德也试图从船

↑ "泰坦尼克"号

体的情形一探那场可怕灾难的原因。

　　究竟是什么葬送了"泰坦尼克"号？这样一个疑问吸引着无数好奇的人。在纷纭的解答中，一个重要的原因是人们的安全意识不够。人们发现锁着望远镜的橱柜钥匙都忘记被带上了船，观察员竟然只能用肉眼来观察海上形势，肉眼再敏锐，怎赶得上"千里眼"？于是当危险呈现在眼前时，船体行将撞上冰山，所有的挽救都为时已晚。一次奢华的航行，人们纸醉金迷，对身边可能的危险信号没有引起足够的警惕，航行中发出过多次前方有冰山的警报，被一次次忽略。"泰坦尼克"号的设计者风险意识不够，为了追求船的宽敞和奢华，更具"巴洛克"风格，大大减少了救生艇的数量，还降低了隔水板的高度。这些因素的叠加，为后来的灾难埋下了伏笔。

曾经的"海上巨无霸"

　　"泰坦尼克"号是20世纪初英国白星航运公司的杰作。这是一艘世界级豪华游轮，斥资7 500万英镑建成，长882.9英尺，宽92.5英尺，排水量达到66 000吨。从外观上看，最引人瞩目的就是那庞大的身躯和四个巨大的黑色烟囱。船的内部，则是无与伦比的奢华，无论从装修上还是服务上，在当时都是世界一流水平。最让白星公司引以为傲的是船的安全性：船底设计成两层，还有16个厚重的密封防水舱，其中的任意两个进水船都不会下沉，号称"永不沉没"。如此大手笔，使"泰坦尼克"号无可争议地成为当时的"海上巨无霸"。

1912年4月11日，"泰坦尼克"号扬帆起航，开始了在大西洋上的梦幻之旅。当时又有谁会料到，这是一次没有返航的绝命之行呢？启程后，船上的人们开始了纸醉金迷的旅行，享受着顶级的奢华。

人类的骄傲自满注定了航行不会太远。就在大家举杯狂欢的时候，一场灾难像幽灵一样悄悄来袭，威胁着正沉浸在欢乐之中的人们。大海面目狰狞地对着毫无防备的人们。突然间的一声巨响，结束了这次充满浪漫和幻想的大海之旅。人们由漫不经心到惊恐万分，并开始拼命逃生。但是，船上旅客的命运早已定格，救生艇的缺少注定会让一些人在冰冷而恐怖的海水中挣扎至死。更遗憾的是，能乘1 000人的救生艇只载了600多人就走了。加上之前"永不沉没"的宣传，麻痹了附近的救生船只，"泰坦尼克"号发出的信号没有被人们充分注意，出事后只有"卡帕西亚"号到现场救援。两个多小时后，"泰坦尼克"号便完全沉入海底。船上2 000多

↓"泰坦尼克"号的沉没

↓安息吧，"泰坦尼克"号！无论贫贱与奢华……

人，只有705人生还，其余的人都葬身大海。莎士比亚说过，再美好的东西都有失去的一天，再美的梦也有苏醒的一天。

巴拉德是否会后悔发现了"泰坦尼克"号呢？因为从那以后，怀揣着各种梦想的深海造访者络绎不绝，这种乐此不疲的探索对沉睡在那里的"泰坦尼克"号来说实在是一场挑战。到访的观赏者和寻宝者不仅留下了足迹，也留下了瓶子、绳子等大量垃圾。此外，对是否应该打捞沉船，也是争议不断。

痛沉大海的不仅只有令人垂涎的宝物，还有那些葬身大海的亡灵。巴拉德曾经说过，"泰坦尼克"号应该永远栖息在北大西洋深处，所有的打捞和造访都会破坏那里的宁静。那极度黑暗而阴冷的海底世界，或许才是"泰坦尼克"号最好的安身之所，也是那些遇难者灵魂的归宿。就让它随遇而安吧，让深海变成这些不幸儿的家园，成为他们最后的庇护所。

探索海底失落的文明

——赫拉克利翁古城和东坎诺帕斯古城

在人类历史上，曾经存在着许多辉煌灿烂的文明，它们有的记录在史书中，有的遗存在地面上，或具体生动，或残缺不全；也有一些文明，历经沧海桑田，已经很难再寻到痕迹，有的则沉睡在了深深的海底。要想重拾深藏海底文明的往日辉煌，就需要人们对神秘莫测的海底世界进行考察和探究。

在众多失落在海底的文明中，古代埃及的两座城市——赫拉克利翁古城和东坎诺帕斯古城的发现吸引了众多关注的目光。

昔日的辉煌

公元前500年前后，埃及北海岸尼罗河入海口，曾经存在着以繁华富有和规模宏大而闻名于世的赫拉克利翁古城和东坎诺帕斯古城。这两座古城曾是埃及的商贸中心，希腊船舶也大多

↑尼罗河

经此从尼罗河进入埃及，市列珠玑，户盈罗绮，车水马龙，一派繁华。另外，它们还是很重要的宗教城市，建于城中的神殿每年都会吸引全球各地大量信徒前往朝圣。由此，我们不难想象古城当时盛世繁华的景象。可惜，"好花不常开，好景不常在"。古城繁华的景象没有感动历史的变迁，终于，在每年尼罗河洪水的无情泛滥下古城渐渐淹没于水下。

海底探秘

在没有关于古城的确凿文物出现之前，我们对赫拉克利翁古城和东坎诺帕斯古城的了解只能是来源于古代典籍上的零星记载。据公元前5世纪时希腊历史学家希罗多德在书中的描述，这两座城市似乎是地中海上的岛屿，这引起了众多历史学家和考古学家的兴趣，并开始对它们的探索与研究。

↑古埃及女神伊希斯的塑像

　　法国考古学家弗兰克·高迪奥多年来一直在位于尼罗河三角洲西面的阿布齐尔海湾进行探查，在2000年之前他都没有任何的发现，到2000年时，高迪奥才满心欢喜地在7米深的海底发现了两处有着残墙、栏杆，已倒塌的庙宇和雕塑等遗址。距离今天的海岸线1.6千米处有第一处遗址。经过深入挖掘，以高迪奥为主的考古团队还发现了一些护身符、钱币、珠宝首饰等，据估计应该是公元前600年的物品。通过石板上记录的文字，得知城市名应该为赫拉克利翁；通过上面刻着的税务法令及相关文字，得知签署者为奈科坦尼布一世。除此之外，考古团队又确认了两座分别供奉古希腊神话中的英雄赫拉克利斯和埃及主神的庙宇。在赫拉克利翁神庙以北的地方，还发现了大量青铜器，估计当时应该是用于祭祀的。在数千米之外考古学家还发现了第二处遗址，经考古学家鉴定，认为它应该是东坎诺帕斯古城。

　　经过后续的研究工作，认为这两座古城建在泥沙地上，没有足够的地面支撑，加上尼罗河洪水泛滥，地基在洪水的冲刷后，不断下沉，天长日久，洪水就把古城淹没在了水下。

风光不再

　　沧海桑田，历史变迁；斗转星移，世纪变幻。曾经的赫拉克利翁和东坎诺帕斯古城都已成为历史，它们的容颜，它们的生命，它们的繁华，都已成过往，却在海底留给世人一种残缺之美，遗址在那里浅吟低唱，诉说着当年的灿烂辉煌……

　　历史不可能重现。这两座古城的繁华景象只能靠我们去想象了，但是海底探索的旅程没有终点，海底依旧深藏着太多的秘密，等待着人们去探索、去发现……

航海探险

　　一叶扁舟，就敢独闯江海；几十号人，三五艘船，就能义无反顾，驶入浩瀚汪洋，人类文明史的探险旅程就此拉开帷幕。航行在茫茫大海，视线的终点是辽阔的海面，远方只有汹涌澎湃的海水在涌动，即使是在毫无希望的日子里，生命的张力与探险的激情仍在勃发……

古代航海探险与大国崛起

远播华夏文明

——中国古代航海

　　尽管中国是一个以农耕文明著称的古国，但我们自古就对大海怀有景仰的情怀。"海不辞水，故能成其大"的广阔胸襟和"海上生明月，天涯共此时"的缱绻情意，是我们对大海最生动的印象，同时，海纳百川的气魄也造就了我国先人乘风破浪、包容万象的航海豪情。当徐福最先向着海洋中的仙境驶去时，我们知道了海洋之外也有着多彩的世界；当历史的航针指向大明王朝时，上天注定要将它造就成一个英雄的时代。在即将来临的大航海时代中，时势提前造就了郑和这位大明英雄。郑和，以其不可动摇的坚强意志和勇于探索的伟大精神，承载着中华民族的灿烂文明，进行了七次波澜壮阔的伟大航行，在世界航海史上为中国创造了一段辉煌的历史。

历代航海先驱

　　当中华民族第一个统一的封建专制王朝建立后，人们对大海的探索也由此开始。如果说秦始皇的多次巡游海上是家门口的"打闹嬉戏"，那么徐福东渡就算得上是中国第一次出海远航了。秦朝著名方士徐福，公元前219年奉秦始皇之命前往东海寻求仙草，尽管一去不返，但他的航海经历却打开了中国人向海洋探索的大门。

　　从西汉开始，我国的贸易就

↓徐福

不再只局限于黄土地，勇敢的中国商人在海上留下了前进的痕迹，海上丝绸之路由此现出它的光芒。在航海史中，除了商人，中国的僧人也可歌可泣。东晋高僧法显为求佛典，399年由长安出发，结伴10人去印度。他们穿沙漠、越昆仑、到中亚，然后折向东南，万里跋涉到印度。其间，同伴或亡或返，到印度后只剩两人。412年，法显在斯里兰卡乘中国商船回广州途中，在中国南海遇风东航105日，到达了今天的墨西哥南部海岸一带，在那里停留了5个月，于次年春天回到青岛崂山。法显伟大的航海经历表明，5世纪初的时候，中国人就曾到达过美洲。唐高僧鉴真，为了传授佛经，传播大唐文明，他历经艰辛前后六次东渡日本。途中，艰难困苦没有将他吓退，天灾人祸也没有让他放弃。除了长途跋涉、航海颠簸，鉴真还在第五次东渡时双目失明。终于，精诚所至，金石为开，第六次东渡一帆风顺。鉴真不仅给日本带去了佛教，更给日本带去了唐朝的灿烂文化。于是，日本人民称鉴真为"天平之薨"。

宋、元时期，涌现更多具有伟大探险精神的商人，是他们让中国的航海脚步留迹于印度洋各国，是他们让宋、元两代的海上丝绸之路达到了顶峰。正是这些不畏艰险的中国航海先驱者，让中国人放眼世界，拥抱海洋。斗转星移，光阴似箭，历史发展到15世纪，一个伟大的航海家诞生了，他就是郑和，一个改变了世界航海史的东方巨人。

↓青岛崂山

↑郑和纪念馆

郑和七下西洋

为了放眼世界、宣扬国威，明成祖朱棣精心组建了一支庞大的海军船队：大船62艘，连同各种类型的中小船只，共计200多艘。其中，最大的船长150米，宽61米，可容纳1 000多人，可谓当时的"海上巨无霸"。船只分工明确，用途各异。船队包括军卒、水手、官吏、工匠等，达20 000多人。在当时，这只船队无论从规模还是技术上都可以说是当之无愧的世界第一。船队打造好了，朱棣需要物色一名能担当大任的人才，此时，他想到了郑和。

郑和出生于1371年，原名马三宝。10年后的一个冬天，明朝军队进攻云南，将马三宝掳获，使其成为太监。后来成为燕王朱棣的手下。在靖难之变中，郑和表现勇敢机智，为后来掌权的朱棣所赏识，并赐姓"郑"。郑和不仅知识丰富，熟悉西洋各国的历史、地理、文化等，还具有出色的军事指挥才能和卓越的外交才干，出使西洋这个光荣而艰巨的使命就落到了他的肩上。

永乐三年（1405年），郑和率大小海船200多艘，随行20 000多人，第一次出海航行。船队配有航海图、罗盘等当时世界上最先进的航海设备和技术，船上还装满了金银珠宝、瓷器茶叶、绫罗绸缎等商品。是年6月，船队从刘家港出发，大小船只相继起航，浩浩荡荡地

↑郑和

南下西洋。郑和船队承载着大明王朝太多的期望，更承载着中国人第一次向远洋发起冲击的决心。当知人意的西北风把他们首先送到占城国的时候，他们受到了国王的热情接待。占城国人民纷纷赶来，参观声势浩大的中国船队，两国商人做起了买卖。短暂逗留的几天里，占城国出现一派繁忙的景象。之后，郑和率船队又扬帆起航，一路经过爪哇国、旧港国，然后到达马六甲半岛，穿过马六甲海峡，经过锡兰（今斯里兰卡），最远到达古里（今印度）。郑和船队每到一处都会引起当地的哗然，因为那里的人们从未见过如此庞大的船队，……当满船的瓷器、丝绸换成了中国奇缺的胡椒、香料、象牙和药材时，船队便返航。伴随着洋面吹起的西南风，郑和船队顺风而行，载誉而归。

当人们看到郑和船队满载香料、宝石、象牙等西洋各国的土特产和手工艺品回来时，便将郑和的船队称为"宝船"。朱棣在听说了郑和的航行事迹后很兴奋，决定派郑和再次下西洋。第二、第三次到了印度洋，第四次一直远达今天的伊朗，第五次完成了中国船队第一次横渡印度洋的航行，到达了非洲。缥缈无际的印度洋，有时风暴异常凶猛，郑和船队在穿越大洋期间，常常是"洪涛接天，巨浪如山"，危险至极。此时，郑和坚毅的目光就是船队最坚强的脊梁，船

↓郑和宝船模型

郑和下西洋

工们以惊人的胆量和顽强的意志，与风浪展开了搏斗。终于，船队云帆高涨，漂洋过海，到达了木骨都束（今索马里摩加迪沙），那里的人们热情地迎接着这些顽强而勇敢的远方朋友。郑和用精美的瓷器和华丽的丝绸等物品与他们进行了交易。告别木骨都束之后，船队昼夜兼程，直达非洲中部的麻木地（今肯尼亚）。这时，强劲的西南风使船队寸步难行，于是郑和便掉头返航，趁风势再横渡印度洋回到祖国。之后，郑和又一次远航，到达了忽鲁谟斯等西洋国家。

1431年，已经年过花甲的郑和，再次奉命率船队第七次下西洋，这是他的最后一次西洋之行，他们到达了非洲东海岸、红海和麦加，由于海上颠簸，加之劳累过度，郑和不幸病逝途中，在异域终结了他非凡的一生。

从1405年到1433年，郑和率领当时世界上最先进、最庞大的船队，先后七次下西洋，遍访30多个国家，穿行于太平洋、印度洋和阿拉伯海之间，最远到达非洲东海岸、红海和伊斯兰教的圣地麦加，促进了中国与世界的经济、文化交流，开创了航海史上的新篇章。为了纪念郑和，许多地方以"三宝"命名，如马来西亚的三宝城、三宝井；印尼爪哇的三宝垄；泰国的三宝庙、三宝塔；斯里兰卡首都科伦坡博物馆内，至今还珍藏着郑和在那里立过的石碑，成为中国和东南亚各国友好往来的历史见证。

前英国皇家海军指挥官加文·孟席斯在2002年出版的畅销书《1421：中国发现世界》中指出：郑和船队的分队曾经实现环球航行，早在西方"大航海时代"之前便已发现美洲、澳大利亚等"新大陆"。

↑东南亚纪念郑和的建筑

航海探险与大国崛起

——葡萄牙

　　葡萄牙，虽然是一个小国，却是近代海上强国崛起的领跑者。一本航海的图书，一粒诱人的胡椒，一位英明的王子，一个冒险的民族，共同造就了葡萄牙辉煌的海上历史。当恩里克王子为葡萄牙消除了大西洋的恐怖传说，葡萄牙便开始从海上寻求财富，寻找那通往东方的香料之路。迪亚士最先发现了好望角，由此打开了葡萄牙人通往印度的大门。达·伽马不畏艰险，绕过好望角，终于到达印度，为葡萄牙开辟了一条黄金之路。葡萄牙踏着航海家们建立起来的海上之路，一跃成为世界上最先崛起的海上帝国。

最初的航行

　　偏居地中海一隅的葡萄牙，人口密集，资源短缺。千百年来，它始终不停地同入侵的罗马

↑ 恩里克

人、日耳曼人和摩尔人进行反抗斗争。当它凭借坚强的民族意志将侵略者赶出自己的土地，成为一个独立的君主制国家时，国库并不充实。穷则变，变则通。葡萄牙将目光投向了大西洋。上天将恩里克王子降临到这个国家，葡萄牙如虎添翼，在世界的海洋上最先崛起。

恩里克是葡萄牙国王若昂一世的第三个儿子，出生于1394年。当时的欧洲正从中世纪的黑暗中走出，去找寻光明的坦途。恩里克12岁时，无意间读到一本古希腊天文学家托勒密的《地理学指南》。就是这本一度被人们遗忘的图书，引起了恩里克极大兴趣。他想知道：地球到底是方的还是圆的？大西洋是否真的是"死亡绿海"无法逾越？恩里克不断地积累地理知识，后来还办了一所航海学校，设立了专门研究航海技术的观象台，广泛搜集与航海有关的文献资料，并聘请航海人才为师，虚心学习。

1415年，恩里克王子领导的探险队参与了国王组织的海上远征活动，探险队首先占领了非洲北部重要的城市休达，控制了这个连接地中海与大西洋的交通咽喉，这成为葡萄牙后来对外扩张的开端和支点。这一战，不仅提高了国王的声望，也使恩里克一战成名。之后，恩里克又精心挑选人才，成功航行到了圣港岛和马德拉岛，由此开始了对马德拉岛的垦殖和开发。恩里克继续他的航行，他坚信，地球上还会有许多尚未发现的陆地，葡萄牙将迎来它伟大的航海时代。

1432年，恩里克探险队继续向西航行，到达了亚速尔群岛，这里成为葡萄牙航船的最佳避风港。以此为中转站，恩里克派出最勇敢的人选去挑战传说中的"魔鬼水域"博哈多尔角。

↓亚速尔群岛风光

最后，他们绕过了这个恐怖的边界，扫除了人们对于大海的阴霾的恐惧。从此，葡萄牙人沿着非洲西海岸以破竹之势一路南下，完成了非洲西海岸地区的航行，在葡萄牙地图上绘制了4 000千米的非洲西海岸线，建立了大批的贸易商站。伴随着航路的开辟，大量的象牙、黄金和非洲胡椒源源不断涌入里斯本，葡萄牙的国库得到了充实。

恩里克王子在1460年去世，在他之后，欧洲航海界所取得的几乎所有伟大发现，都离不开他竭尽心血组织实施的航海计划，"航海家"的称谓对他来说也算是实至名归。从恩里克王子开始，航海探险活动不再是个人英雄主义行为，而是以国家为后盾有组织、有计划的行动。

改变世界的航海

葡萄牙国王若昂二世秉承了恩里克的航海精神，在恩里克离世27年后，派迪亚士去寻找通往香料之国的航线。1487年，在一个风和日丽的日子里，迪亚士率三艘帆船从里斯本出发。他们从大西洋南下，一路上沿着前人开辟的非洲西海岸航线航行。半年过去了，当他们即将到达非洲最南端的时候，却遭遇了一场突如其来的大风暴，船队失去了控制。在风浪的裹挟中，他们被动地向东南方向漂浮了13个日夜。风暴稍微平息一点时，迪亚士下令向东航行，企图寻找陆地，结果却不尽如人意。而此时，迪亚士恍然大悟，原来他们早已绕过了非洲最南端。他确信，只要继续行驶，一定可以到达神秘的东方。这时，因为长时间的海上颠簸以及在风暴角遭遇的惊吓，船员们都非常疲惫，强烈要求返航，而且粮食和用品已所剩无几。无奈之下，迪亚士怀着巨大的遗憾同意返航。于是，迪亚士命令船队调头北上。返回途中，当他们再次经过这个有大风暴的地方时，迪亚士为了给他们九死一生的经历留下点纪念，决定将这一海角取名为"风暴角"。

↑迪亚士

好望角

1488年，迪亚士回到里斯本，向国王报告了航海过程。当迪亚士告诉国王有一个惊涛骇浪的风暴角时，若昂二世非常高兴，但他却将"风暴角"改成了"好望角"，因为他认为这不是一个普通的海角，而是打开东方世界的支点。只要绕过这个点，闪着耀眼光芒的东方国度就会出现在葡萄牙人眼前，这意味着蕴藏巨大财富的香料贸易很快就会掌握在葡萄牙人的手中。此时，葡萄牙下一位航海英雄正在为伟大的创举进行着精心的准备。

1497年，葡萄牙国王曼努埃尔一世派达·伽马去打通通往印度的航线。7月8日，达·伽马率船队从里斯本出发，沿着迪亚士发现好望角的路线迂回曲折地驶向东方。船员们

↑达·伽马

历尽千辛万苦，在即将到达有可怕风暴的好望角时，纷纷要求返航。但是达·伽马态度非常坚决：不到达印度决不罢休。于是，经过了狂风巨浪的好望角后，他们到达了西印度洋的非洲海岸。途中，在好望角附近他命名了一个海湾——圣·埃列娜湾，并与当地黑人进行了和平接触；之后，又在非洲东海岸的圣布拉斯湾下了第一根带有葡萄牙徽章和十字架的纪念石柱。航行中，他们还望见了一片陆地，并将其命名为纳塔尔。

一路上，他们追寻着香料的气息，不断地向印度的方向前进。1498年3月，他们到达莫桑比克港。在此，达·伽马了解了当地重要的贸易信息，这使他确信印度就在不远处。但是，当莫桑比克人知道他们是贸易上的竞争对手时，便由友好转为了敌对。经过有效的反击之后，达·伽马率领船队继续北上。4月7日，当他们经过蒙巴萨时，再次遭遇冲突。4月14日，达·伽马一行来到了与蒙巴萨为敌的马林迪国，受到了国王的热情接待，国王还派出一名优秀的领航员帮助船队到达印度。这是一位有着丰富航海经验的领航员，在他指引的航线中，乘着印度洋的季风，船队一帆风顺地横渡了浩瀚的印度洋。终于，在经历了生死考验之后，达·伽马的船队于1498年5月20日这一天抵达了印度最大的通商口岸——卡利卡特港，并在此竖起了第三根石柱。达·伽马向卡利卡特国王讲述了自己前来的意愿，希望两国能够建立贸易关系。但是，国王嘲笑他带的见面礼过于普通，加上阿拉伯商人从中作梗，不仅贸易行为受到限制，甚至还不能回国。最后，达·伽马采取果断行动，绑架了6名印度贵族作为人质，然后带

↑今天的纳塔尔

着船队冲出了卡利卡特。返航的路途同样是漫长的，因为坏血病的侵袭，许多人相继倒下。

1499年8月，达·伽马终于回到了里斯本，并受到了礼遇。这次航行尽管贸易算不上成功，但依旧带回了香料、丝绸、象牙等货物，标志着到达东方的海上航线已被开通，也使葡萄牙人开始涉足香料之路。

1502年，达·伽马再次东征。他武装了一支强大的舰队，决心为葡萄牙建立起印度洋上的海上霸权。这一次，达·伽马从一个探索未知的航海家变成了一个对外侵略者。伴随着船队的航行，血腥的掠夺也开始了。当途经基尔瓦时，达·伽马背信弃义，将国王扣押到自己的船上，逼迫他臣服于葡萄牙。当航行到印度附近海面时，他们袭击了一艘阿拉伯商船，洗劫了所有的财宝之后，将船上的几百名乘客通通烧死。到达印度后，他们强占了卡利卡特。为了争夺阿拉伯商人在印度半岛上的利益，他将全部的阿拉伯人驱逐出境；之后，又在附近海域的一次战斗中，击溃了阿拉伯船队。1503年10月，达·伽马满载着掠夺来的大量价值昂贵的香料和丝绸等珍品回到了里斯本。而这一次所得的利润竟是当时航行费用的60多倍。达·伽马获得了荣耀，葡萄牙获得了半个世界。

在葡萄牙航海史上，或许迪亚士和达·伽马太过辉煌，以致遮掩了其他航海家的光芒。比如，卡布拉尔就是一位伟大的航海家。1500年，卡布拉尔从里斯本出发远航印度，途中卡布拉尔一行因遇强风暴，阴差阳错地到达了巴西的帕斯夸尔山，在塞古鲁斯登陆，随即宣布该地区为葡萄牙王国所有。在那个地理大发现的时代，世界属于它的发现者，这是当时的一个定律。所以，巴西成了葡萄牙的殖民地。之后，卡布拉尔率船队继续航行，绕过非洲好望角抵达印度卡利卡特，后来还在奎隆等地设置商站，同印度南部沿海地区建立了正式的贸易关系。

最先崛起的海上帝国

恩里克王子在1415年领导葡萄牙人攻占了摩洛哥北部城市休达，之后，葡萄牙不断进行海上扩张活动。在恩里克王子的关注下，葡萄牙人建立了深入大西洋的前哨阵地。到1460年恩里克王子去世时，葡萄牙人已经占据了物产富饶的非洲西海岸，还建立了大批商站，同时殖民活动也已经大规模展开。海上贸易的发展，迫切需要强大的海军维护其海上霸权，葡萄牙的海上武装力量也随着贸易的繁荣而不断扩张。在岛屿方面，葡萄牙

↓今天的里斯本

占领了大西洋上的马德拉群岛、亚速尔群岛和佛得角群岛，完成了东大西洋扩张的海上据点构筑。在沿岸方面，船队到达了刚果、几内亚、南非等国家，非洲西部沿海的航行宣告完成，在此基础上又进一步深入非洲腹地。侵略与殖民同时进行，葡萄牙正在构建着它的殖民帝国。

恩里克王子除了为葡萄牙消除了大西洋的恐怖传说，占领了非洲西海岸之外，还有一项重要的活动，它对葡萄牙的崛起非常重要，那就是黑奴贸易。1441年，恩里克派贴身侍卫安唐·贡萨尔维斯前往非洲西海岸，他们从黄金河地区带回了首批黑奴。1443年，贡萨尔维斯再度出发，前往黄金河购买奴隶。葡萄牙人向当地人购买了10名奴隶，这是葡萄牙在非洲海岸进行的第一次奴隶买卖。从此，葡萄牙开启了世界上臭名昭著的黑奴贸易史。之后，葡萄牙人很快就将黑奴运到它的殖民地上，大大增加了殖民地的财富。黑奴贸易从此一发不可收。

1488年，迪亚士率船队绕过非洲最南端的好望角，成为葡萄牙航海探险进程中的一大突破，为通往东方新航路的开辟打下了基础。达·伽马率领船队于1497~1499年绕过好望角，渡过印度洋，最终到达卡利卡特港，开辟了通往东方的新航路。在近一个世纪的艰苦探索后，终于实现了恩里克王子的愿望。当达·伽马打通绕过非洲好望角到达印度的航线时，葡萄牙为了垄断与东方之间的贸易，曾一度对外封锁这条消息。同时，有着开拓精神的葡萄牙并不愿意跟别人分一杯羹，它要将整个印度洋的航线都据为己有。葡萄牙在闯入印度洋后，凭借其强大的军事实力占领和掠夺沿岸的重要港口和城市，袭击并掠夺竞争对手的船只。1503年，葡萄牙打

↑ 葡萄牙风光

败了印度洋上的阿拉伯舰队，夺得了印度洋的军事优势地位；1509年，葡萄牙再挫埃及，终成独占印度洋海域的霸主。

　　建立起海上霸权之后，凭借其强大的舰队和一系列的军事据点及商业代理站，葡萄牙人逐步建立了两条贸易航线。一条是以里斯本为起点，途经大西洋群岛，再沿着非洲的西海岸绕过好望角到达东非，继而穿过印度洋向东航行到达香料群岛，往东北方向航行到达中国澳门和日本；另一条是以里斯本为出发点，途中经过大西洋群岛后，再向南向西航行到巴西。通过这两条航线，葡萄牙主宰了东方的贸易，尤其是将欧洲急需的香料牢牢地控制在自己的手中。

　　在强大的海上军事力量的庇护下，葡萄牙的两条贸易航线变成了两条"黄金大道"。葡萄牙航海家们几十年知识和勇气的积累，开始转化为耀眼的财富。在1501~1505年的5年中，葡萄牙的香料贸易量快速增长，成为了当时海上贸易量最大的国家。葡萄牙的国力在16世纪中期达到鼎盛，势力范围遍及欧洲、美洲、非洲和亚洲，成为世界上最先崛起的海上帝国。

航海探险与大国崛起

——西班牙

　　欧洲中世纪的黑暗结束后，各国开始了欣欣向荣的发展之路。作为地中海国家的西班牙，土地面积少且矿产资源紧缺，促使它追求财富、扩大领土，海外扩张一时成了必然之举。西班牙的航海探险，打破了旧世界的藩篱，将世界真正地联成一个整体，使西班牙成为崛起的帝国。

冲出地中海

　　十四五世纪的欧洲，由于没有冰箱，用胡椒粒做成的香料成为当时保存食物的最好方法，受到各国的追捧。但阿拉伯商人垄断了利润高的香料贸易，商路也被后来崛起的日耳曼帝国控制，因此，寻找新的香料之路成为当时欧洲各国的迫切之举。除此之外，欧洲对东方的丝绸、茶叶和黄金需求也很大，加上《马可·波罗游记》对东方极尽奢华的描述，更使欧洲对东方充满了向往。

　　1492年，西班牙在伊莎贝拉女王的领导下实现了王国重建，一个崭新的中央集权国家自此诞生。但当时通往东方的航路已经被葡萄牙控制，非洲海岸的群岛也成了葡萄牙的领地。虽然地中海是当时世界贸易中心，但西班牙并没有因为同属地中海国家而从中分到多少羹，黄金、香料等贸易都由其他国家控制着。为了直接获得东方的香料、黄金等珍贵物品，当时的西班牙急需开辟新的航路。通过大海寻求财富的梦想在西班牙悄然孕育，并茁壮成长。

慧眼识英才

　　哥伦布和麦哲伦是举世闻名的大航海家，但他们为之效力的都

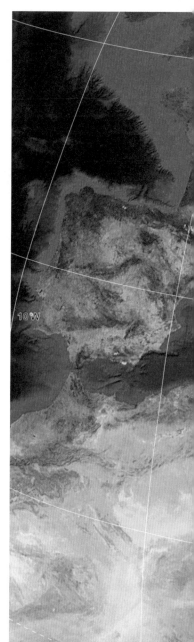

地中海 →

哥伦布 →

← 麦哲伦

不是自己的国家，而是西班牙。他乡得志的伟大航海家哥伦布和麦哲伦为西班牙找到了一条通往东方金银之国的新航路。

出生于意大利的哥伦布自幼酷爱航海探险，马可·波罗的非凡游历使他对神秘的东方充满向往。与坚信日心说的哥白尼一样，哥伦布年轻时就相信地圆说，他一直设想从大西洋向西航行可以到达东方。但他的先见并不被当时的人们所理解，还被误认为是江湖骗子。为了实现心中的梦想，向世人证明地圆说，他制订了一个由西向东的航行计划。为了使他的这个计划获得资助，他先后游说了葡萄牙、英国等好几个国家的国王，但没有谁愿意为他的"空想"浪费金钱。直到1492年，西班牙女王伊莎贝拉发现了这匹"千里马"，决定帮助哥伦布达成愿望。最终，哥伦布航行成功，成为名垂青史的地理大发现的先驱者。西班牙也受益于哥伦布的航行成功，开辟了新航路，建立了殖民地。

葡萄牙人麦哲伦16岁时被编入国家航海事务所，多次跟随远征军探险和进行殖民活动，使他积累了丰富的航海经验。麦哲伦同样相信地圆说，认为香料群岛的东面是大海，大海以东是

西班牙风光

美洲。一个环球航行计划在他心中酝酿、成熟。33岁的麦哲伦曾向葡萄牙国王提出环球航行的申请，但被满足现状的国王回绝了。开辟新航路和地理大发现的丰功伟绩再次与葡萄牙擦肩而过，麦哲伦最终投奔到了西班牙的怀抱。西班牙国王资助他开始了首次伟大的环球航行，从此西班牙便开始放眼全球。

史诗般的航海壮举

1492年8月3日，哥伦布率领三艘大帆船，满载着西班牙国王和国民的希望，浩浩荡荡地从巴罗斯港扬帆起航，向大西洋正西方驶去。由于船员并非全都相信地圆说，于是在9月9日后还未见到陆地的时候，有的船员开始抱怨，恐慌逐渐蔓延，有人开始担心会掉进深渊。哥伦布只好谎报真实的航速和航程安抚众心，还指着发现的海鸟说陆地就在前方。

历经漫长而艰苦的航海后，被历史铭记的一天终于到来。1492年10月12日，船队登上了一片陌生的陆地，哥伦布将其命名为圣萨瓦尔多，意思是神圣的救世主。圣萨瓦尔多对哥伦布

意味着救世主，但谁会料到哥伦布带给美洲的却是一场大灾难。哥伦布把这个岛周围的领地称为印度群岛，将当地居民称为印度人，其实他们离印度还很远。他还想继续寻找"日本"岛，结果当然找不到。他也没有找到想要的黄金和宝石，却意外地发现了美洲独有的农作物玉米、马铃薯和甘薯等。在随后的航行中，哥伦布一直都没能找到东方的文明古国，其中两艘船还在风暴中失散。1493年3月15日，船队回到西班牙巴罗斯。至此，人类历史上第一次伟大的航海探险结束。之后，哥伦布又于1493年到1502年间先后进行了三次航海探险，登上了美洲的许多海岸。遗憾的是，哥伦布至死都不知道他到达的地方并不是真正的印度。

在哥伦布发现新大陆20多年后，为了与葡萄牙竞争海上霸权，西班牙资助了麦哲伦开始环球航行。

1519年8月10日，麦哲伦率领五艘大船出发了。在这次航行过程中，麦哲伦需要面对的除了凶险莫测的大海，还有更多未知的磨难。一方面麦哲伦需要平息反麦分子的叛乱，一方面还要与饥饿作斗争。1520年8月底，麦哲伦的船队遭遇了一场暴风雨，就在紧绷的神经还来不及放松的时候，他们发现并驶入了一条狭窄的海峡，此海峡被后人称为麦哲伦海峡。经过20多天的艰难航行后，船队终于走出了海峡，到达一片广阔的海域。在海上风平浪静地航行100多天后，他给这片平静的大海起了个吉祥的名字——"太平洋"。但他们的航行远非如此太平。辽阔的洋面始终难见陆地，准备的食物也已经吃完，但船员们都拿出了斗牛士的精神，勇往直前，终于克服重重困难，横渡了太平洋。

此次环球航行是人类历史上亘古未有的壮举。或许壮举就会带些壮烈吧，伟大的麦哲伦在一次干预别国内讧中丧生，失去了见证环球航行成功的机会。遵循麦哲伦的遗志，船队继续前行。1522年5月20日，船队绕过非洲好望

↓ 哥伦布发现新大陆

角。9月6日，返回西班牙，首次环球航行历经磨难终于成功。从此，占据了世界西半球的西班牙，开始与葡萄牙分庭抗礼。

崛起的光辉岁月

在哥伦布开启大航海时代后，西班牙走上了富国强兵之路，开始了伴随着血腥的"光辉岁月"。

哥伦布航海发现美洲大陆后，西班牙逐步控制了西方。麦哲伦船队完成环球航行后，西班牙在海上的势力进一步扩大，占据了世界的半边天。从此，西班牙在西，葡萄牙在东，世界就这样被伊比利亚半岛的两个小国一分为二地瓜分了，西班牙和葡萄牙占据着从欧洲至印度、印度尼西亚、中国和美洲通商最便利的航路。

回望历史，哥伦布的第二次远航对西班牙的崛起有着不可磨灭的贡献。正是因为这一次航行，哥伦布发现了新大陆，并开始在美洲大陆上进行殖民活动。美洲文明由此衰落，美洲进入黑暗和苦难的历史时期。到1550年，西班牙人已经征服了除巴西以外的整个南美洲。西班牙向当地印第安人征收苛捐杂税，要求以黄金缴税，美洲的黄金开始源源不断地涌入西班牙殖民者的囊中。西班牙的殖民者在南美洲雇佣了大量的劳动力经营着种植园，这一举措后来给西班牙带来了大量财富。从1502~1660年一个多世纪的时间里，西班牙从美洲掠夺了200吨黄金，18 600吨白银。对殖民地的野蛮侵占和掠夺，使西班牙在很短的一段时间就完成了资本的原始积累。新大陆的发现使得不同文明此消彼长：西班牙崛起，南美洲衰落。

麦哲伦首次环球航行后，西班牙已不再满足于美洲土地的殖民范围，眼光开始投向东方。16世纪70年代，西班牙将菲律宾纳入版图，菲律宾从此走上耻辱之路。殖民地的资源成了西班牙的财富，殖民地的人民成了西班牙的奴隶，一时间财富滚滚而来，西班牙国力不断增强，成为有史以来最大的殖民帝国。

航海家的探险也为西班牙开辟了贸易新航路。在直接与东方国家进行贸易的过程中，西班牙获得了巨大的利益。为了维护其得到的巨大利益、巩固其海上霸权，西班牙还斥巨资打造了一支无敌舰队。

西班牙的崛起也影响了欧洲的国际政治。1543年，西班牙取得了对荷兰的统治权。1580年，西班牙兼并了葡萄牙，连带着葡萄牙的殖民地也一并吞并，势力达到顶峰。

近代航海探险与科学发现

翘首南极

——1895年之前的南极探险

南极，那块传说中神奇的土地，那片神秘而遥远的冰雪世界，长期以来，以其寒冷、亘古不化的坚冰拒人于千里之外。但是，人类与生俱来的好奇心，以及坚强的毅力和克服困难的勇气，使人类从未放弃过对未知大陆的探索。尤其是南极，那块早就被预言过的神秘土地，承载了人类太多的想象和憧憬。终有一天，南极迎来了素未谋面的英雄，白雪茫茫的大地上从此留下了人类到访的足迹。

↑ 南极洲

库克，初寻南极

库克是一位英国探险家、航海家和海图绘制专家，生活在18世纪上半叶西方航海探险高潮迭起的英国。1767年，塔希提岛的发现者沃利斯探险队宣称，他们曾在太平洋上不经意间看见过南面大陆的群山。这个意外的发现，在当时引起了轰动。因为很久以来，在人们的印象中，南极只是一个传说，没有人亲眼见过。当这片神奇的大陆再一次被提起并有了现实的证据后，各国竞相踏上寻找南极的征程。英国，这个在新航路开辟之后崛起的海上强国，自然不会放过海外扩张的机会，对于探险队的这个发现，产生了极大的兴趣。为了抢先占有这块新大陆，扩大英帝国版图，英国决定先下手为强。这个使命落在了库克的头上，他也成了寻找南极大陆的先行者。

1768年8月25日，库克的探险队乘坐由运煤船改造成的"努力"号远航船从英国出发，开始了寻找南极的航行。尽管船只陈旧，装备条件也不尽如人意，但库克仍信心百倍。在前11个月中，船队穿过了大西洋，绕过了南美洲，到达塔希提岛，还在夏季风景迷人的岛上进行了一次难得的金星凌日的观测。带着英国王室艰巨使命的

→ 库克

↑ "努力"号

↑社会群岛

库克却没有心情继续欣赏美景，1769年7月13日，库克下令船队继续向南航行。在途中，他们花了好长时间才绕过一组群岛，并把这组群岛命名为社会群岛。尽管绕过了社会群岛，眼前却依旧是一片汪洋。艰难的航行、遥遥无期的等待是一种怎样的煎熬，加上天气也越来越坏，有着丰富航海经验的库克为了安全起见，下令船队向西航行。在途中，他们发现了已经被荷兰人发现的新西兰。

10月7日，库克一行终于看见了一片被森林覆盖的群山，但不能确定这是否就是他们要寻找的南极大陆。库克上岛进行勘察后大失所望，除了一些未开化的原住民之外，并没有他们所需要的东西，甚至连新鲜的蔬菜都没有。库克于是把他们登陆的地方取名为"贫穷湾"。随后，库克继续南行，穿过了南纬40°纬线后，大陆依旧不见踪影。库克只好向北行驶。绕过了新西兰的北角后，海上狂风大作，巨浪滔天，探险船在风浪中漂浮不定，但库克依旧指挥"努力"号奋力前行，终于抵达新西兰的西海岸。1770年1月14日，随着"努力"号的航行，库克

↓贫穷湾

发现了一个又宽又深的海峡，还在东南方向发现有一片陆地，于是库克认为新西兰岛应该由两部分构成。最后，库克将船停在了一个鸟语花香的港湾，找到了他们迫切需要的新鲜蔬菜及抗坏血病的药草，并将这个港湾命名为夏洛克皇后湾，宣布其归英国所有。

在整个航行中，库克始终没有找到南极大陆，他开始怀疑南极大陆是否只是个传说。库克想向东航行，然后从南太平洋回国，将南极大陆这个荒唐的传说破解。但南半球的冬季即将来临，水手们也想结束长年漂泊的生活，权衡再三后，库克决定返航。在返航途中，遇到过危险，经历过生死离别：一场瘟疫的发生，使73人客死于他乡。1771年7月13日，航海3年的"努力"号回到了英国。这次航海，在世界航海史上写下了浓重的一笔。

再探南极

第一次航行虽然收获不少，但是航行的真正目的没有达到，南极依然只存在于传说中。库克决定再次出航，寻找神奇的南极大陆。1772年7月13日，库克率领两艘船——"决心"号和"探险"号驶入大西洋。在绕过好望角往南航行时，天气越来越寒冷，迎面而来的风雪寒冷刺骨，使人难以招架。两艘船也在大雾中走散，在分头驶向新西兰后会合。接着，库克一行从新西兰向东寻找南极大陆。当他们到达塔希提岛的时候，新鲜食物已经吃尽，很多船员得了坏血病，岛上

↓ "决心"号和"探险"号在航行

新鲜食物的极度匮乏，迫使库克指挥 "探险"号载着病员返航，"决心"号则继续前行。

1774年1月，库克到达南纬71°10′。这是当时人类到达的地球最南端，但库克没有认识到离这里仅240千米的地方就是他们朝思暮想的南极大陆。库克再次环游南太平洋后，灰心丧气地回到了英国。

触到南极的先驱

虽然库克在两次寻找南极的航行后断言南极大陆并不存在，但很多人仍在为寻找南极进行着不断的探险活动。

谁第一个到达南极群岛至今没有定论，但大多数人认为是威廉·史密斯。1819年，英国人威廉·史密斯船长在前往智利的途中不小心偏离了航道。塞翁失马，焉知非福，他竟然发现了今天的南设得兰群岛。这片岛屿就是南极洲巨大蝌蚪尾翼的尾梢部分，绵延数千米。1819年10月16日，史密斯在群岛中的乔治王岛登陆，宣布英国对其拥有主权。群岛曾被称为新南不列颠，但不久之后就根据苏格兰以北的设得兰群岛改称南设得兰群岛。在英国对外扩张的进程中，史密斯为英国开辟疆土作出了重要贡献。如今，多个国家在南设得兰群岛设有科学考察站，大多位于该群岛最大岛屿乔治王岛上。

史密斯发现了南极大陆尾翼的群岛后，南极大陆不再遥不可及。1819年，俄国沙皇亚历山大一世派遣别林斯高晋和拉扎列夫寻找南极大陆。考察船"东方"号和"和平"号于1819年7月16日从北半球向南半球行驶。1819~1821年，这两艘帆船曾9次靠近南极海岸，6次穿过南极圈，到达南纬69°25′处，完成了环南极航行的伟大壮举，取得了大航海时代都未取得的荣耀——描绘了南极大陆的轮廓，获得了宝贵的第一手资料，为俄罗斯以后的南极探险和科学考察奠定了基础。别林斯高晋的船队先后发现了两个小岛，他们分别以沙皇的名字命名为彼得一世岛和亚历山大一世岛。亚历山大一世岛紧挨着南极大陆。由于南极附近气候恶劣，浮冰众多且坚硬，阴云、浓雾长时间笼罩海面，船队无法再接近南极大陆，不得不返航。近在咫尺的南极大陆再一次远离了人类的视线。

除了以上几位航海家外，还有很多航海家和探险家追寻过南极，也有很多新的收获。例如美国人纳撒内尔·帕尔默于1820年率领船队驶到了南设得兰群岛附近海域，发现了南极；英国人詹姆斯·威德尔在1822年到达南纬75°15′的海域，创造了向南航行的纪录；法国人迪蒙·迪尔维尔在1839年的时候在南极圈附近发现海岸线，还登上了岸；英国人詹姆斯·罗斯在1840年航行到了南纬78°11′海域，打破了前人创造的向南航行最远纪录，发现了两座火山、

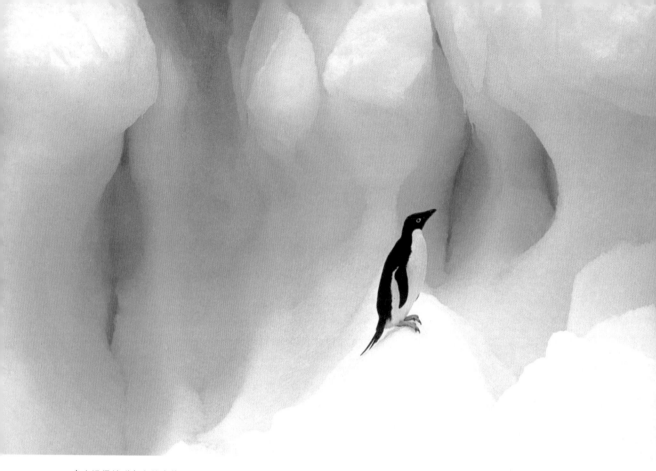

↑ 南设得兰群岛上的企鹅

数个群岛和大陆冰障，不仅找到了南磁极，还进行了细致的测量。尽管始终没有人真正地登上南极大陆，但南极对人们来说已经不再那么虚幻，不再是海市蜃楼了。在众多航海家进行探索后，南极大陆的轮廓逐渐被勾画出来，后来的探险家追寻着先驱的足迹可以走得更远。南极，这个冰清玉洁的世界终于被撩起神秘的面纱，开始了它新的明天。

在寻找南极大陆的旅程中，为登上那片带有神奇色彩的大陆，有的探险家甚至为此付出了生命的代价。对南极进行探索的勇气和毅力、不畏艰险的精神和坚定的信念，无不深深地感召着后人。流动的海面虽无法画出他们探险的足迹，但人们心里却记住了他们的奉献。这些南极探险先驱们的事迹，在南极探险史上甚至在整个航海史上都将永久铭记。后人瞻仰他们的丰功伟绩，更受其激励，一代又一代的探险家和科学家置生死于度外，积极投身到南极科学考察的伟大事业中。

勇攀冰雪高原

——1895年之后的南极探险

　　风帆时代的库克、别林斯高晋等航海先驱们最先寻找南极，虽然没有人真正登上过南极大陆，虽然南极依旧冰冷地傲然屹立在那里，但人们已经相信南极不是一个传说，南极不再虚幻。1895年，伦敦第六次国际地理学会议吹响了人类向南极进军的号角，20世纪初成为南极探险英雄辈出的时代。阿蒙森和斯科特就是这个英雄时代的杰出代表。为了夺取登上南极的桂冠，为了让自己国家的国旗最先在南极上空飘扬，他们之间开始了一场悲壮的南极探险角逐。

冰雪勇士狭路相逢

　　1911年，当南极从冬天的阴霾中苏醒过来的时候，它并不知道有两支队伍正奔赴而来。那就是英国的斯科特和挪威的阿蒙森带领的两支南极探险队伍。

　　这是斯科特第二次踏上南极的征程。第一次去南极是为了寻找罗斯海，发现并命名了爱德华七世半岛。或许是因为第一次南极探险中的失误，斯科特没有得到应有的爵位，他的老部下沙克尔顿却名利双收，这对他来说是一个不小的打击。为了赢得荣耀，斯科特决定重返南极，他要成为到达南极点的第一人。一切准备完毕后，1910年6月1日，斯科特率领"新地"号从英国出发了。10月2日，就在斯科特船队雄赳赳、气昂昂地驶向南极的时候，他收到了一封信："我也要去南极。阿蒙森。"斯科特和阿蒙森征服南极的竞赛就此拉开帷幕。但此时的阿蒙森远在千里之外，斯科特并没把阿蒙森放在眼里。

　　阿蒙森自打通西北航路以来，一直在准备征服北极的探险活动。不幸的是，他准备了4年的北极之行被美国的皮尔里彻底打乱，因为皮尔里抢先一步登上了北极点。阿蒙森将懊恼转化为力量，更加积极地继续进行着探险的准备。谁也不知道他将要去挑战南极。1910年8月9日，阿蒙森率领"先锋"号从挪威出发，向南行驶，当到达非洲马德拉群岛时，他给斯科特发了那封信。船员们这才恍然大悟，原来他们要去南极。阿蒙森抱着必胜的信念，誓将在北极未取得的荣耀从南极夺回来。

　　斯科特和阿蒙森，这两个干劲十足的勇士，都将南极视为自己翻身的机会。他们互不相让，开始了一场竞争激烈的南极探险竞赛。

阿蒙森虽然比斯科特晚出发了2个月，但早动身的斯科特并没有什么优势，因为当时南极周围的浮冰区还冻结得像铁板一样。"新地"号于12月9日进入浮冰区，费了3个周的时间才得以前进。事实上，斯科特只比阿蒙森早一个星期进入罗斯海，却耗费了可供"新地"号使用16天的煤和为减轻负担而抛进大海的20吨油料。另外，两匹矮种马和一些狗也被淹死了。真正的竞争还未开始，斯科特就有了损失。

1911年1月4日，"新地"号费尽千辛万苦，终于登上了罗斯岛的埃文斯角，并利用极昼的时间赶紧搭建探险基地。船员们冒着严寒不停地工作。1月21日，一幢具有英国海军海岸建筑风格的基地便出现在眼前。趁着南极夏天的解冻季节，海军上尉彭内尔指挥"新地"号向东行驶，但他发现了最不想见到的一幕，阿蒙森的"先锋"号已经停靠在罗斯海东岸的鲸湾。虽然简陋的"先锋"号悄无声息地漂浮在那里，却发出了强大而威严的气息，它显示了阿蒙森探险队不容置疑的实力。彭内尔按捺住紧张和愤怒，仍不失绅士风度地前去拜访。阿蒙森同样以礼相待，热情地招待了他。临走时，阿蒙森请彭内尔给斯科特捎个口信，说到时候会有一封信给斯科特。彭内尔当时一头雾水，不知所云。当彭内尔把情况告诉斯科特的时候，斯科特脸上立刻浮现出了阴云。

各自的基地建成后，斯科特和阿蒙森的南极探险较量

↓ 南极风光

→ 阿蒙森

也心照不宣地开始了。这不仅是一场意志和毅力的交锋，也是经验和智慧的比拼。随着两支队伍的进军，南极这个冰天雪地的战场逐渐升温。

英雄与英魂

真正的较量开始后，阿蒙森与斯科特分成两路，按各自的计划向最终的极点前进。阿蒙森最先开始设置补给站，从南纬80°开始，每

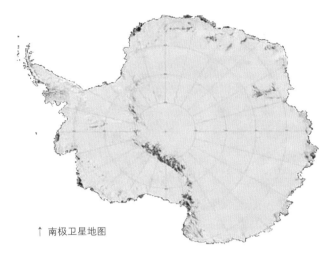

↑ 南极卫星地图

隔100千米设一个食品仓库；每一个仓库旁边都会插上一面挪威国旗，这样，即使在很远的地方也可以看见仓库的位置。他让狗拉着载满物品的雪橇奔走，人几乎不费力气。就这样，他们一共建了3个补给站。当阿蒙森看到斯科特带的是矮种马和雪橇，而自己的是100多条狗组成的雪橇队，此时的阿蒙森心里或许有了些成功的把握。因为他知道矮种马在冰天雪地的南极并不比狗好使。

10月19日，阿蒙森率领5名队员从基地出发，开始了这场惊心动魄而又千辛万苦的南极之旅。前半部分的路程主要是靠狗拉雪橇和踏滑雪板前进，后半部分路程需要翻坡越岭——爬过高山、跨过深谷、穿过冰裂缝，克服一切摆在面前的艰难险阻。因为阿蒙森准备充分，加上天公作美，他们能以每天30千米的速度前进，结果不到两个月的时间，阿蒙森一队于1911年12月14日顺利抵达南极点。他们在广袤的冰天雪地中欢呼雀跃，相互拥抱，宣泄心中无以言表的兴奋和激动。之后，他们把一面挪威国旗插在南极点上，设立了一个"极点之家"的营地，进行了一系列考察，然后准备离开。阿蒙森虽已体验过南极行程中的艰辛和危险，对于能否安全回去，他也心里没底。他留下了两封信，一封给即将到达南极点的斯科特，一封给挪威国王。如果自己不幸遇难，他希望斯科特能将他们的光荣事迹带回挪威。但上帝再一次眷顾了阿蒙森和他的队员，他们于1912年1月30日平安回国。而他的对手——斯科特及其团队，却没有那么幸运。

当斯科特的队伍于1912年1月18日艰难地赶到极点后，他们没有一点兴奋的心情。因为他们的梦想已然破灭，阿蒙森早他们一步登上了南极点。那刺眼而浩荡的挪威国旗阵，仿佛是无言的威慑和嘲笑。相差仅仅一个月，他们就被划到了成功与失败的两边。沮丧的斯科特探险队于1912年1月19日踏上了返回营地的旅途。尽管返程中天气恶劣，他们仍在2月7日完成了500千米左右南极点高原部分的旅程。归途中，他们并没有意识到失去的不只是登上南极点的荣誉，更有即将在寒冷和痛苦中燃烧殆尽的生命。斯科特在日记中写道："这次返程恐怕是十分劳累而且无聊透顶的。"确实，梦想的破灭对他们是个沉重的打击，他们的精神支柱已全然倒塌。回去也不会有鲜花和掌声，等待他们的是一如既往的平凡。一个月，改变的却是一生。

返回途中，依旧是风雪交加，冻伤、雪盲、饥饿和劳累消耗着探险队员的毅力，他们挣扎着向北行进。途中，一向强壮的队员埃文斯不小心跌了一跤，逐渐精神失常，身体状况严重下降；2月17日他再次跌倒，在冰川脚下死去。队员们带

↑ 南极风光

着沉重的心情继续前行，但他们觉得越来越冷，补给站的食物也越来越少，甚至有些食物因风雪覆盖而难以找到。队员奥茨的身体状况也开始急剧下降，他的脚趾头已经冻掉了，光靠脚板是走不了多远的，只会拖累其他的队员。3月17日，奥茨走出帐篷，从此再也没有回来。

在随后的9天中，探险队用完了最后的给养，他们已经不能再行走了，身体和精神都到了崩溃的边缘。斯科特只有在日记中呼唤上帝，他要为世人留下自己最后的痕迹。没有恐惧，因为已经知道结局；没有抱怨，因为已经没有时间。他用那只逐渐僵硬的手写下了毕生的情感和经历，留恋、渴望和期待，一直到最后一刻，到生命的温度和气息散去的那一刻。当笔从指间滑落的时候，英雄之星也陨落了。在无数个风雪夜里，归人再也没有回家。11月12日，基地的队员们找到了这三个在睡袋中死去的人，他们的面容依然安详。虽然他们倒下了，但他们南极探险的悲壮故事却激励了一代又一代英国人。

无论成功与失败，斯科特和阿蒙森的壮举成就了南极探险的"英雄时代"。阿蒙森获得了登上南极点第一人的荣耀；斯科特却长眠于南极，那片曾寄托他梦想的土地。当全世界为阿蒙森的壮举喝彩的时候，是否也会有人为斯科特们默哀？至少，多年以后有人根据斯科特的事迹写下了《伟大的悲剧》，以此纪念斯科特这位探险英雄；美国的南极考察站也以这两位英雄的名字命名为"阿蒙森－斯科特"站。

↓ "阿蒙森－斯科特"站上空壮美的极光

北极探险

——东北航路的开辟

　　自新航路开辟以来，欧洲的贸易可以向东从大西洋绕过非洲好望角到达亚洲各国，也可以向西经麦哲伦海峡驶入太平洋。从地图上就可以看出，这两条航线都太过漫长，会消耗大量的人力、物力和时间，航行途中的风险也很大。为了缩短从欧洲到亚洲的航行路程，人们从未放弃对新航路的寻觅。1527年，英国商人罗伯特·索恩提出存在一条从大西洋经俄罗斯沿岸到达亚洲的海上航线，即东北航路。这个说法引起了很多国家的兴趣，一些探险家也试图开辟出这条航道。

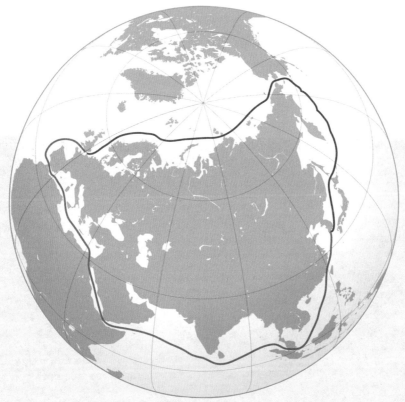

↑蓝色为东北航路　红色为其他航路

白令，首航出师未捷

18世纪初的俄国蒸蒸日上，彼得大帝有着豪迈的胸襟和富国强兵的谋略，早就将目光投向了全世界。他组织了一支大北方探险队打头阵，以寻找通向亚洲的捷径，调查亚洲和美洲北部是否相连。彼得大帝将这个艰巨的任务交给了为俄国鞍前马后服务的丹麦人——维图斯·白令。

白令接受任务后立即着手航海探险的准备。他夜以继日地起草了一份探险计划，并组织了俄国历史上第一支航海探险队伍。由于当时北方航路还没有开通，要寻找新航路，白令只得先走过一段漫长的陆地，从鄂霍次克出海航行。1725年春天，白令率探险队踏上了为俄国开疆辟航的征程，一路跋山涉水，风餐露宿，经历着常人不曾经历的艰辛，忍受着常人无法忍受的痛苦。白令作为队伍的精神支柱，更不能流露出一点灰心丧气的情绪。他们不断前行，越走越远，困难越来越多，探险队中的情绪出现了波动，粮草难以保障，不得不杀马充饥，一些队员在风雪中倒下，再也没有站起来……1727年，探险队抵达鄂霍次克，乘船到达堪察加半岛，在那建立了基地，还建造了两艘船。

1728年，白令率领自己设计的"圣加夫利拉"号探险船从堪察加半岛起航，向北挺进。俄罗斯历史上的伟大航海活动真正开

← 维图斯·白令

↓ 红色为堪察加半岛

堪察加半岛

始了。8月的一天，白令的船队穿过风雨和浓雾，来到了亚洲大陆最东端的海面。向东望去，大海浩瀚无垠，水天一际。此时，白令确定美洲大陆和亚洲大陆之间的确被水隔开了。这一发现令全体队员无比兴奋，整艘船顿时沸腾了。只是因为天公不作美，当时海面上大雾弥漫，白令没有看到对面的北美洲，直到他们穿过整个海峡，大雾都没有散去。白令根本没有意识到，自己正身处这隔开美洲和亚洲的海峡中。

当白令回到彼得堡的时候，他的探险成果并没有得到认同，更没有人想到过白令在探险过程中所遇到的艰难险阻。人们甚至质问他，为什么不继续向西航行，寻找亚洲和美洲之间可能存在的陆桥。遭受指责的白令没有垂头丧气，也没有竭力争辩，他正蓄积更大的力量，向世人证明自己的发现！

功业已成，壮士未返

背负无理指责的白令于1733年率领庞大的探险队，再一次横跨欧亚大陆到达堪察加半岛。经过长达8年的精心筹备后，1741年6月5日，白令指挥"圣彼得"号向东驶去。7月的一天，风和日丽，阳光普照，船员们亲眼看到了雄伟壮观、白雪覆盖的山脉。全体船员都向白令祝贺这一伟大的发现。年近花甲的白令没有流露一丝的高兴，他凝望着眼前这片17年前彼得一世派他探索的海岸线，不知道身在何方，展望未来感到忧心忡忡。船逐渐靠近陆地，船员们清晰地看见了那笔直而平坦的海岸，郁郁葱葱的针叶林延伸到了海边。白令确定这就是圣伊莱亚斯山脉。之后，他们陆续发现了美洲东部的岛，找到了阿拉斯加半岛，见到了一些当地的土著居民，种种迹象表明他们确实到达了北美洲。白令紧绷的神经终于可以放松了，长时间的焦虑和担心总算释然。他有了足够确凿的证据证明自己曾经的发现是对的，关于这条海峡的存在也并不是自己的臆想。然而，在他们凯旋的途中，船上1/3的人患了坏血病，探险队也面临着严重的粮食危机。8月3日，他们发现了雾岛；8月5日，他们又发现了赛米迪群岛。由于强劲的逆风阻拦，"圣彼得"号被困在这片海区，整整漂泊了3个星期。这期间，坏血病肆无忌惮地蔓延开了，一些船员的病情加重。见此状况，白令决定立即返回堪察加。

返航途中，他们隐隐约约地看见过北面闪现的一片片陆地，误以为那是北美大陆，但后来证实是阿留申群岛。之后，他们又发现了数不清的岛屿群。在这段日子里，天气变得更坏，风暴不断。船员不仅要搏击风浪、苦斗严寒，还要忍受饥饿和疾病的折磨。不幸中的万幸，11月14日，船被风浪冲进了一个海湾。他们登上了陆地，活下来的人们在岛上搭建了临时落脚的房子。此时，白令也不幸患上了坏血病，住在简陋的地窖里。为了使自己暖和点，他把自己埋进

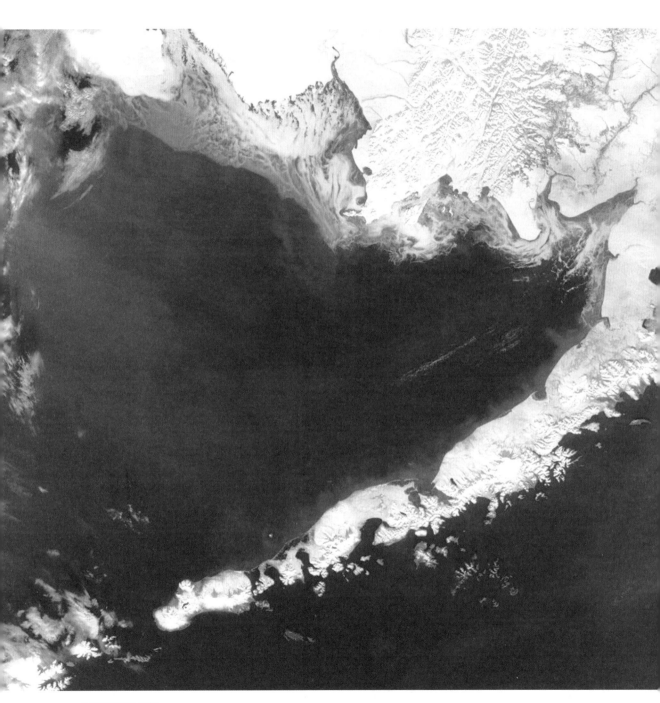

↑ 阿留申群岛局部

沙子里，整整躺了一个月。1741年12月8日，白令凄然地死去。他没能看到那些指责他的人们羞愧的模样，无法再见到那条以他的名字命名的海峡，无法再登上那块以他的名字命名的陆地。最遗憾的是，他再也回不了魂牵梦萦的家园。

最后的赢家——诺登舍尔德

在对东北航路的寻觅中，除了白令之外，还有很多可歌可泣的英雄。首先揭开寻找东北航路序幕的是英国航海家休·威洛比和理查德·钱德勒；16世纪末，荷兰探险家巴伦支和纳伊等人也进行了探索北极的"冲刺"；18世纪中叶，罗蒙诺索夫也率队进行了打通东北航道的尝试……这些人，要么无功而返，要么长逝大海，300年来的探索都以失败告终。老天似乎偏爱诺登舍尔德，他成功打通了从瑞典到达太平洋的东北航路，成为享誉全球的伟大探险家。

↓诺登舍尔德

　　诺登舍尔德本是一名芬兰人，因公开反对沙皇而被驱逐出境，加入了瑞典国籍。19世纪下半叶，欧洲工业革命的兴起，加上商品贸易的需要，西欧掀起了北极探险的热潮。青年才俊的诺登舍尔德对北极探险有着极大的热情。1858年，他第一次跟随瑞典探险队到北极勘察，此后，他对北极探险的热情有增无减。但是，到北极探险的费用在当时不是一笔小数目，他无力承担。但当时英国的乔治·维金斯多次成功进入北极引起了世人瞩目，也引起了腰缠万贯的瑞典富商奥斯卡·迪克森的极大关注。他认为，一旦北极航路全部打通，借助便利的贸易航线，一定会有意想不到的利益。他和对北极探险跃跃欲试的诺登舍尔德一拍即合，决定出钱资助诺登舍尔德进行北极航路探险。1870~1875年，在迪克森的资助下，诺登舍尔德进行了探险前的充分准备，并在一些地方小试牛刀，还以迪克森的名字命名了一些小岛。1878年7月4日，天高云淡，风轻日暖，两艘装备先进的探险船"维加"号和"莉娜"号载着斗志昂扬的诺登舍尔德一行浩浩荡荡地从哥德堡起航了。虽然他信心满怀，但想起300年来无数前辈们的徒劳无获甚至是有去无还，他还是为自己捏了一把汗。不过，既然选择了，索性放手一搏。

　　8月下旬，船队顺利绕过亚洲最北端——切柳斯金角。之后数日，狂风大作，漫天飞雪，给了他们一个下马威，好在没有使装备精良的帆船遭受多大损失；而且接下来的日子一片晴空，西北风吹着帆船急速前进，沿着泰梅尔半岛东南海岸线很快到达了勒拿河入海口。航行之前，诺登舍尔德就已经掌握了一条重要信息，每年8月底9月初，泰梅尔半岛附近的喀拉海域是无冰季节，船队可以在秋季畅行无阻地通过。他决心充分利用这一时机。为了能在封冻期到来之前冲出白令海峡，只好舍弃"莉娜"号，于是"维加"号孤身前行，铤而走险。当一路惊险地绕过冰山、穿过德朗海峡进入楚科奇海，并对白令海峡触手可及的时候，他们被定格了——寒流突然来袭，气温骤降，"维加"号瞬间被冻结在海面，一时寸步难行。而此时白令海峡的杰日尼奥夫海角离他们仅有200多千米。近在眼前的目标，如今已是咫尺天涯。

　　长达9个多月的冰封，凛冽刺骨的寒风，铺天盖地的大雪，一望无际的封冻冰原以及那长夜漫漫的北极之冬……每天除了要躲避来自北极熊的威胁，还要重复只差200多千米的悔恨。船员们忍受着身体和精神上的双重折磨。坚强的诺登舍尔德没有倒下，船员们也没有放弃，最终冰雪消融。1879年7月18日，"维加"号在船员们的欢呼声中再次起航。10个月的"冬眠"使"维加"号重新焕发出能量，直奔白令海峡。1879年9月2日，"维加"号抵达日本横滨，然后取道中国广州，穿越苏伊士运河和直布罗陀海峡，于1880年4月24日胜利回到瑞典斯德哥尔摩，受到了热烈欢迎。

　　诺登舍尔德首次开辟横贯北冰洋的黄金航道，几乎没有损失地归来，创造了人类探险史上的伟大奇迹。为了纪念诺登舍尔德的功绩，北冰洋区域的许多地方都以他的名字命名。

↓白令海峡

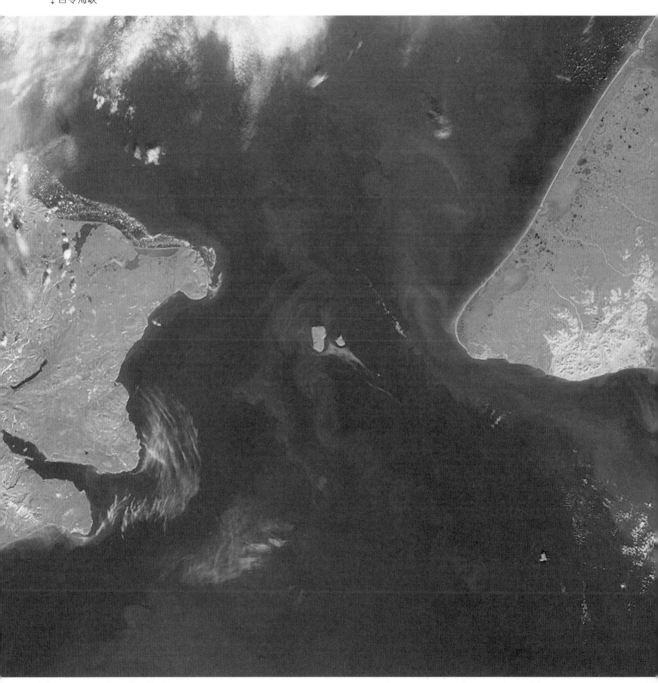

北极探险

——西北航路的开辟

　　当《圣经》上说美丽的伊甸园在东方的时候，当《马可·波罗游记》中说东方金银遍地、香料如山的时候，开辟通往东方的航路，一时成为西欧人梦寐以求的梦想。大航海时代后，达·伽马和麦哲伦成功地开辟了两条通往亚洲的航线，实现了东西方的海上贸易交往。

↑ 北冰洋

可是，这两条航线都太漫长了。之后，欧洲地理学家们提出大胆假设，认为应该存在两条通向亚洲的捷径，那就是经过北冰洋的两条航路。如果能够将这两条航路打通，世界航运的利益将被重新分配。在各国寻找东北航路的过程中，经由北美洲北岸的西北航路的探索也如火如荼地展开了。

约翰·富兰克林——冰洋路上的英雄

到19世纪初期,探索西北航路成了英国海军重振海上雄风的大业。到19世纪40年代，西北航路除了还剩下几百英里的地段需要打通外，已基本完成。最后的这段航路一旦成功打通，关于西北航路存在的假设就会得到证实。英国为了争取最后的荣耀，决定派航海大将富兰克林主动出击。殊不知，这也将他送上了不归路。

富兰克林从小就对航海有着浓厚的兴趣，并偷偷参加了海军。由于他勇敢机智，16岁便被破格提升为海军上尉，可谓少年得志。1818~1822年，富兰克林参加了两次北极探险，因为他在探险困境中表现得临危不惧、机智勇猛，回国后便成了一位充满传奇色彩的英雄。

1845年，即将花甲的富兰克林接受大英帝国海军部的派遣，去打通西北航路最后的通道。5月9日，富兰克林率领129名船员，驾驶当时最先进的两艘帆船——"恐怖"号和"阴阳界"号从泰晤士河出发，开始了当时声势浩大的西北之行。航行开始，一帆风顺。船队在格陵兰岛西岸短暂歇脚之后，顺利穿过了兰开斯特海峡，并于当年夏季安全抵达比奇岛附近海面。这是两个海峡的交汇之处，向西与朝北的水路，都是畅通的。一开始的顺利，让他们认为这是一次必胜的航行。因为他们所驾驶的是两艘重300多吨的三桅帆船，装备有蒸汽机、螺旋桨推进器以及供暖系统等；此外，船上还载有足够吃3年多时间的食物。丰富的食品储备，精良的船只装备，都令船员们

↓泰晤士河

斗志昂扬。但富兰克林对于这次航行，心里并不像船员们那么信心十足。他曾多次到过北极，对于此次北极探险能否成功，并没有十足的把握。

富兰克林把"恐怖"号留在了比奇岛附近，自己带着"阴阳界"号向着北极驶去。在北纬77°处遇到了坚冰，富兰克林只得掉头南下，绕孔沃利斯岛一周，赶在冬天海面冰冻前回到了比奇岛。富兰克林和船员们在那里度过了第一个漫长的极地之冬。不幸的是，有3个人没有熬过这个冬天，永远地留在了北极。第二年夏天，当海水解冻的时候，因为向北走行不通，船只好向南挺进，继续寻找西北通道。北极的夏天总是那么短暂。1846年9月12日，海面又凝固了，船被冰封在北纬70°附近的海面上，离威廉王岛不过数千米。随着冬天脚步的临近，寒冷更加肆虐，船员们强壮的身体终究敌不过这次危险的航程。一种怪病迅速在船员中蔓延，夺去了一

↓约翰·富兰克林探险队可能经过的路线

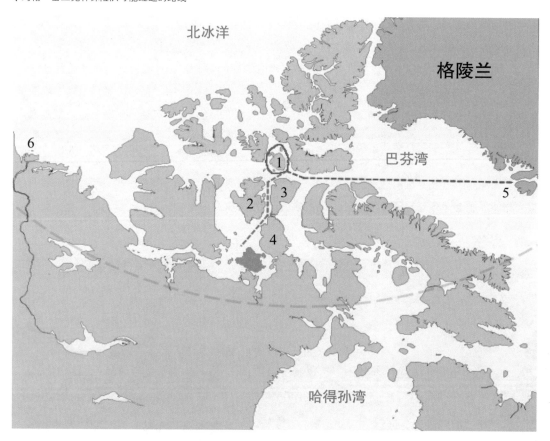

个又一个鲜活的生命。富兰克林也倒下了，这位北极的常胜将军还是败了一次，于1847年6月11日撒手人寰。这一年夏天，"恐怖"号和"阴阳界"号仍没有冲出包围它们的坚冰。船上的人做了很长时间的思想斗争后，在1848年春天活着的人决定弃船逃命。他们携带几艘小船，乘着雪橇，向南行进。但这些船员一个也没有回到英国，离奇般地失踪了。

富兰克林全军覆灭的秘密

富兰克林的这次北极探险，是当时规模最大也是损失最为惨重的一次。129名船员全部遇难，关于他们的死始终是一个谜。因为那么多的食物，那么强大的船只，船员个个身强力壮，怎么会在不到3年的时间就消失得无影无踪？在富兰克林船队遇难之后，英国政府悬赏展开了调查。起初的研究结果是坏血病夺走了队员们的生命，因为罐头存放时间太长，都变质了，果汁汽水也坏掉了，导致没有新鲜的食物供给。后来调查小组又有了一个惊人的发现，当他们找到一个3人坟墓时，里面的尸体因温度低而被完好如初地保存至今，但尸体都目瞪口呆，好像是在拼命地呼吸，并且手脚均被绑在一起。待化验结果出来后，发现他们体内的铅含量竟是当地人的10倍。这种严重的铅中毒，不仅能轻而易举地损坏人的健康，还会破坏人的中枢神经，使人性情大乱失去控制，这就是几具尸体的手脚均被绑在一起的原因了。

是什么原因导致了如此恐怖的铅中毒呢？进一步的调查发现，原来当时船上大量罐头都是用铅锡合金作为密封的焊料，其中的铅含量高达90%以上，经过食品渗透，足以导致人体中毒。另外，这种焊料流动性差，留下了许多缝隙，从而导致食物腐烂变质。这两个因素最终使探险队员丧命。后来，英国政府在1890年时颁布了禁止在食品罐头中焊锡的法律，当然这些对于富兰克林们来说已经太晚了。

阿蒙森——传奇的探险家

在富兰克林之前，也有一些探险家进行过北极探险，如约翰·戴维斯、亨利·哈德孙、约翰·罗斯等，他们都是英国人。在早期的北极探险中，寻觅西北航道基本上成了英国人的事业，遗憾的是并没有英国人成功经北极到达太平洋。尽管前人都失败了，但他们留下了

→ 北极阿蒙森雕像

很多有价值的成果，为后人的探险铺就了一条坚实的路，使他们能够走得更远。4个世纪后，挪威探险家罗尔德·阿蒙森终于将这条令众多人充满期望与失望的西北航路打通。

　　阿蒙森是挪威伟大的极地探险家。他中学时就阅读了很多关于航海探险的书籍，书中精彩的探险故事深深地吸引着他。于是，阿蒙森立志要当一名有作为的大探险家。他在20岁的时候，毅然放弃了大学生活，听从内心的呼唤，开始为航海探险做准备。10年之后，他已经是一位拥有丰富航海经验的船长了。他想寻找那条几百年来都没有打通的航路，那最后的黄金航道。可是作为一名普通人，要想得到政府的资助几乎不可能，他只好四处借钱，好不容易才买下了一艘不大的旧船，取名"佳阿"号，还找了6名志同道合的水手。1903年6月16日，为了躲避讨债人，也为了寻找西北通道，阿蒙森开始了他在北冰洋上的寻梦之旅。

　　当年9月，"佳阿"号行驶到威廉王岛一带，阿蒙森不禁想起了当年的富兰克林，与他们的探险队相比，自己可谓势单力薄，未来的命运无法预料。此时的北极又开始进入漫长而寒冷的极夜，阿蒙森只好寻找到一个平静的海湾抛锚过冬。严寒和暗无天日的日子，磨炼着人的意

↓西北航路

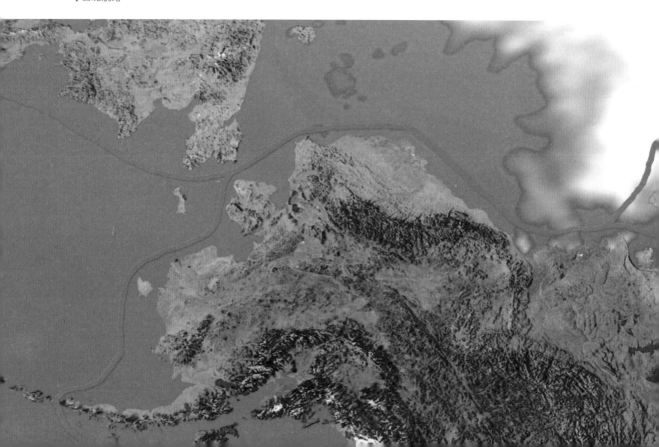

志。阿蒙森一行好不容易才熬过了这个极夜。可是，夏天到来的时候，冰雪却没有消融，船依旧寸步难行。不得已，他们又在这里度过了一个可恶的冬天。直到1905年8月，大海才变得温柔，有了碧波荡漾。聪明的阿蒙森绕过了海岸线曲折的威廉王岛，向西行驶。然而，老天似乎总喜欢捉弄人，他们又被冰封了一个冬天。直到1906年夏天来临之时，他们才顺利穿过白令海峡，从北冰洋航行到太平洋。这条令无数英雄折腰的西北航道到这时才算开辟了出来。

英雄的丰碑

寻找西北航路的先驱们有的无功而返，有的悲壮地留在了那片冰雪之地。开辟西北航路的过程中，有太多的酸甜苦辣、悲欢离合。英雄们前行的足迹终于打破了北极不可战胜的神话，艰辛的航行写下了壮士们永不言弃的史诗。后来的人们追寻着先驱们的脚步，为了国家、为了航海探险事业前仆后继，向着冰冷和未知的危险发起一次又一次的挑战，涌现出了无数可歌可泣的英雄。北冰洋航路，将永立英雄的丰碑！

挑战极限的航海探险

鉴真东渡日本　播撒友谊之花

　　唐朝是中国古代最强盛的时期，其繁荣的经济、昌明的文化和完备的制度，对隔海相望的日本产生了强烈的吸引力，成为日本竭力效仿的楷模。日本大力派遣留学生到中国，学习中国的哲学思想、文学艺术、医学和建筑等，甚至衣食住行、风俗娱乐方面也都积极向中国学习。在唐朝的中日文化交流中，有一个名字深深地印在了人们的心中，那就是著名的唐朝僧人鉴真。为了向日本传授佛经，传播唐朝文化，鉴真经历了难以想象的困难和艰辛，矢志不渝地六次远渡日本。不仅为日本带去了光大的佛法，还有医学、建筑等多方面的技艺，对日本产生了深远的影响。

渡海缘由

　　从唐朝初年开始，日本就不断派遣使臣、留学生和商人等到中国访问、学习和通商，这些人被称为"遣唐使"。除了"遣唐使"来中国，邀请唐人泛海东渡也是日本吸收唐朝文化的重要手段。鉴真就是其中的一个代表。

　　佛教最初传入日本的时候，只在上层统治者中流传。天平时代，日本进行一系列政治改革后，导致民不聊生。人民为了躲避苛重的徭役和兵役，寻找精神上的安慰和寄托，不是逃亡就是隐居寺庙。当时出家为僧基本没有要求，日本也没有由权威高僧主持的受戒仪式，僧众日渐增多，影响了国计民生。为了限制僧寺的发展，日

↑鉴真

本政府向唐朝请求名僧，规范佛教。733年，日本派遣荣睿和普照到大唐聘请戒律高僧赴日授戒。此时，他们还不知道要寻找的高僧就是名振扬州的鉴真大师。

鉴真，俗姓淳于，出生于扬州一个笃信佛教的家庭，从小便与佛教结下了不解之缘。20岁时，鉴真游学两京，钻研律学，并在长安受戒。鉴真勤学好问，博览群书，遍访高僧，融合佛教各家并有独到见解，对其他方面的知识也有广泛涉猎和研究，在绘画、建筑、医药等方面的造诣也很高。713年，鉴真回到扬州弘法传道。很快，鉴真就以其渊博的学识和高尚的品德成为江淮的佛学大师，弟子多达40 000人。

荣睿和普照来到中国居住了10年，学到了不少知识，物色了一些僧人，但始终没有找到心目中的高僧。就在他们准备回国途经扬州的时候，得知扬州有个香火旺盛的大明寺，寺中还有一位德高望重的鉴真大师。前去拜访后，发现鉴真就是他们要寻找的人，就向鉴真讲述了日本的佛法情况，并恭恭敬敬地邀请精通戒律的鉴真大师到日本传授佛法。鉴真听后，认为大唐和日本虽为异域，但同享一片天，应该普度众生，于是欣然应允。鉴真的弟子们却顾虑重重，因为日本和中国相隔大海，路途遥远，渡海危险重重。但鉴真态度坚决，执意东渡。他的决心感动了弟子，随后有祥彦、思托等21人表示愿意一同渡过大海，前往日本。

六次东渡

鉴真东渡的艰难和危险难以想象。虽然中国和日本是一衣带水的邻国，相距只有460海里，但在1 200多年前却是艰险重重。

当鉴真答应日本使者的东渡请求后，就立即购买船只并筹备粮食和物品，出发之际却出现了变故。同行的道航无意间跟随行的如海开了个玩笑，说他不适合去日本弘化佛法。如海当真，怒火中烧，便跑到当地政府诬告道航勾结海盗准备造反，于是政府派人彻查各寺，搜捕荣睿、普照等，并没收了海船。于是，渡海搁浅。

第一次东渡失败后不久，鉴真自己出钱买下了一条军用旧船，准备了各种佛经、佛像、佛具等，并雇佣了80名水手，还请了画师、雕佛、刻镂、玉作人等技艺人才85人，连同祥彦、道航、德清和已释放的荣睿、普照等17人，于743年2月从扬州起航，沿长江东下。不料，航行中遭遇狂风大浪，破旧的军船被严重损坏，无法继续行驶，只好退岸维修。但这艘船实在太旧了，经不起大风大浪，不断有水进入，干粮也被浸泡而无法食用。他们在海上漂了一个多月后才被官船救回。此次东渡又以失败告终。

两次东渡的失败，并没有消磨掉鉴真的意志。当时，唐玄宗崇信道教，贬抑佛教，许多佛家弟子转而屈服于道教。唐玄宗想派遣道僧前往日本传教，遭到拒绝，一气之下，便下令禁止鉴真东渡日本。作为佛教律宗后起之秀的鉴真当然不会向道教俯首，更不会在困难面前屈服。可就在他们再次准备东渡的过程中，被人告密。随后才知道是越州的僧人知道事情后，为了留住鉴真，才出此下策向官府控告有日本僧人想引诱鉴真逃出我国。鉴真的第三次东渡再次夭折。

↑ 阿育王寺

三次东渡未成，并没有改变鉴真东渡的信念。为了掩人耳目，鉴真决定率领30多名僧人从阿育王寺出发，到福州买船出海。刚刚到达温州，鉴真一行就被官兵重重包围，被强行带回扬州大明寺。鉴真对此一直不解，这次出行如此谨慎，怎么会惊动了官府呢？原来，鉴真在扬州的弟子灵佑不忍心年近花甲的师傅冒险东渡，去官府报了信。只是因为弟子的好意，第四次东

↓ 扬州大明寺鉴真和尚纪念堂

渡又没有成行。

荣睿和普照在748年又来大明寺恳求鉴真东渡，鉴真同意了他们的请求。随后，鉴真率领14名僧人、21名工匠和水手，于当年6月从扬州出发，再次东行。刚出海的时候一帆风顺，海鸟飞鸣，波澜不惊。10月中旬，海上突然起了大风，船只遭到了狂风恶浪的袭击，被强大的北风裹挟着向南航

↓《鉴真登岸》群雕

行。船上的人有的头晕，有的呕吐，忍饥挨饿，受尽磨难。船失去控制，只能听天由命。他们在海上漂流16天后登上了一个鲜花盛开、四季常春的地方，发现并不是日本，而是到了海南岛。在鉴真停留海南的一年中，他为当地人们带去了中原的文化和大量的医药知识。随后，鉴真往北行进，途中，荣睿因病不治身亡。鉴真十分悲伤，下决心一定要到达日本，完成荣睿的心愿。之后不久，普照也放弃了，离鉴真北去。此时，由于水土不服，加上劳累过度，鉴真得了热病，眼睛逐渐模糊，不久后双目失明。悲痛远不止这些，鉴真最为得力的弟子祥彦也因病去世，更使得鉴真肝肠寸断，悲痛万分。经历了种种磨难，但鉴真依然不改初衷传播佛法，怎能惧怕磨难？鉴真把这些磨难当做上天对他的考验。回到扬州后，鉴真再次着手准备东渡。

听说鉴真不畏艰难曾五次东渡，日本非常感动，对鉴真极为敬佩。于是753年，日本再次派遣唐使到扬州拜访鉴真，请求他随行日本。此时，年届66岁高龄且双目失明的鉴真毅然答应东渡。听到鉴真又要出海的消息，出于对鉴真安全的考虑，扬州僧众极力反对并严加看护。鉴真无法脱身，眼看东渡计划又要搁浅。正在这时，鉴真的一个弟子听说了师傅东渡受阻，十分感动和同情，决定帮助鉴真一行离开扬州。行动顺利，鉴真终于搭乘了日本遣唐使的船，开始了第六次东渡。经过两个多月的艰苦航行，鉴真终于抵达日本奈良，受到当地官府的热烈欢迎。

从鉴真接受荣睿和普照的邀请，整整过去了11个年头。其间，先后经历五次东渡的失败，200余人中途放弃，36人献出了宝贵的生命。只有鉴真笃志不移，百折不挠，实现了毕生的宏愿。

天平之甍

　　鉴真来到日本的消息，引起了日本朝野的震动。鉴真东渡的主要目的是弘化佛法，传律受戒。10年间，他很好地完成了任务，对日本文化的方方面面都产生了重要的影响，被日本人民称为"天平之甍"。天平文化主要讲的是佛教文化，这一点恰恰是鉴真对日本所作的最突出的贡献。随行的弟子中有很多人精通建筑艺术，在鉴真的指导下，根据中国寺院建筑结构建造了唐招提寺。唐招提寺建筑结构精巧别致，完美地展现了唐朝建筑的风格，一时轰动了日本，后来成了日本佛教建筑的样板。就佛像雕塑而言，之前日本只有木雕和铜铸，在鉴真东渡以后，才有了很大改观。作为天平艺术最值得骄傲的艺术品种的干漆像，就是由鉴真传入的。鉴真曾为光明皇太后治病，为日本带去了几十种中草药，留下了一些医学用书，被日本誉为"日本汉方医药之祖"。十七八世纪时，日本药店的药袋上，还印着鉴真的图像，足见其影响之深。

　　鉴真在日本生活的10年，也是辛勤工作的10年。763年的一天，他觉得自己不久于人世，便让人扶着面向大唐的方向端坐，不久离世。鉴真圆寂的消息传到扬州的时候，扬州僧众全体服丧3日，并举行了悼念大会。对鉴真离世，日本人民也悲痛万分，誉他为"过海大师"。鉴真怀抱着为邻邦兴隆佛法、交流文化的愿望，前后用了10年时间，不畏沧海险阻，舍生忘死，六次东渡。鉴真这种坚忍不拔、矢志不渝的精神以及为中日两国人民建立世代友好的邦交关系所付出的心血，足以标榜后世，万古长存！

↓唐招提寺金堂

人类首次飞越大西洋

——林登伯格的传奇人生

如今的圣路易斯是美国东部的大城市，但是100多年前它只是座简陋的小城。就是这座小城，1904年出人意料地获得了奥运会的主办权，这应该归功于"圣路易斯精神"号所创造的奇迹。"圣路易斯精神"号飞越大西洋的成功，人们不禁对这座城市的勇气发出由衷的赞叹。

接受挑战

法国富商雷蒙·欧尔德1919年初向世人宣布，不管是谁只要能从巴黎不着陆飞行到纽约，这个人就可以获得奖金25 000美元。消息一传出，跃跃欲试者大有人在，但无一成功。这时，一个年轻的美国人引起了人们的注意，他胸有成竹地宣称将在5月份单身完成飞越大西洋的挑战。

这位"口出狂言"者就是年仅25岁的查尔斯·林登伯格。他1902年出生于美国的密执安州，从小就对机械有着浓厚的兴趣。中学毕业以后，他进入一所航空大学学习飞行，毕业后，没费多少力气就获得了空军后备队少尉的军衔。随后他被圣路易斯公司雇佣，并被选为从圣路易斯到芝加哥航空邮政航线的飞行员。他已经在这条航线上飞行了5万英里。所以，有着丰富飞行

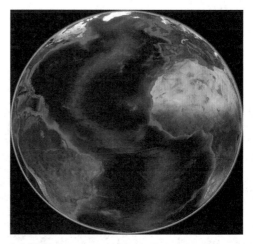

↑ 大西洋

→ 查尔斯·林登伯格

经验的林登伯格在听说有一个25 000美元的大赛后，就毫不犹豫地参加了。这次不仅有利益上的诱惑，更将是一次名垂青史的机会。正是林登伯格的这次勇担重任，才成就了他后来的神话。

全力以赴

在接受任务后，林登伯格开始为挑战进行着精心的准备。幸运的是他得到了圣路易斯市商会8名商人的支持，这些对机会有着敏锐嗅觉的商人意识到此举可

↓ "圣路易斯精神"号

能产生巨大影响，决定出资为林登伯格建造一架飞机，唯一的条件是飞机以"圣路易斯精神"命名。

尽管那时已有飞机，但是飞行员常常成为飞行事故中的牺牲品，更何况即将飞越的是辽阔的大西洋。在公众看来，林登伯格的这次挑战无异于自取灭亡。更何况在林登伯格之前，就已经有人为此献出了生命。美国人诺尔·戴维斯和史坦顿·沃斯特于1927年4月在飞行中相继发生事故，法国的两名飞行员也在飞行途中发生意外，飞机下落不明，两人生死未卜。接连发生的几次事故，在人们心头蒙上了阴影。更令人担心的是林登伯格在飞行途中只有他自己一个人，在长达四五十个小时的行程中他将如何抵御睡眠的侵扰？而他那架造价低廉、结构简单的飞机更使人们对他的最后一点信心也消失殆尽。为了减轻飞机的重量，林登伯格尽量减少带上飞机的东西，没有刹车系统和无线电，也没有降落伞，他甚至把自己穿的皮鞋也削去了一部分鞋底。更糟糕的是，电台预告20号大西洋上空将会出现恶劣的天气。林登伯格还没有出发，人们就替他捏了一把汗。

但是，林登伯格并没有将这些困难放在眼里，因为他此前的生活都与飞行有关，走南闯北遇到过不少困难和危险，但每一次都能化险为夷。在美国的邮政飞行记录中，林登伯格竟四次坠机而大难不死，被同行称为"幸运小子"。辉煌的飞行履历加上年轻人的豪情，林登伯格对这次挑战充满期待，他相信自己一定会成功。乐观成就未来。

飞越大西洋

机会留给有准备的人。在飞越大西洋之前，林登伯格对刚建成的"圣路易斯精神"号进行了严格的检查。他于1927年5月10日驾驶飞机从圣迭戈起飞到达圣路易斯；又在5月12日飞抵纽约。通过几次试飞，他不仅打破了从美国西海岸飞抵东海岸的飞行纪录，也对飞机的性能进行了全面的检验。

1927年5月20日，林登伯格登上了那架没有无线电甚至没有降落伞的单引擎飞机——"圣路易斯精神"号，大有破釜沉舟、背水一战的气势。7点52分，林登伯格从纽约长岛的罗斯福机场起飞，开始了这次史无前例的横穿大西洋的飞行。刚一开始，由于油加得太满，飞机跳跃着向前冲去，几乎撞上了一辆拖拉机，又有惊无险地跨过了一条排水沟，接着才慢慢飞起来。人们抬头

↓圣迭戈

仰望着渐渐从视线中消失的飞机，默默为林登伯格祈祷，希望他能平安到达巴黎。

因为没有通讯设备，所以从林登伯格驾驶的飞机驶出人们视野的那一刻起，他将孤军奋战。飞行过程中，林登伯格密切注视着驾驶舱里的罗盘，他要一直向东前进，飞渡大西洋。在这场一个人的战斗中，他经历了很多难以想象的艰辛。3 000米的高空，大雾弥漫，几乎什么都看不见，还要在黑暗中、在冻雨中飞行。当晚上经过大西洋中部的时候，浓雾和黑暗几乎使他迷失方向。由于是一个人驾驶，严重的睡眠不足也在折磨着他的身体和意志。林登伯格打开窗，任冷风吹拂脸庞，还把手伸出窗外，避免飞行途中睡觉，还不断地拍打自己的脸，使自己保持清醒，他甚至尝试过两只眼睛轮流休息。飞行途中的种种困难并没有吓退林登伯格，他以坚定的信念执著前行。

33个小时过去，飞过3 614英里后，巴黎上空传来了越来越近的马达声，探照灯捕捉到了"圣路易斯精神"号。飞机终于安全地在巴黎布尔歇机场降落，15万多人对他的成功飞抵正翘首以盼，祝贺他实现第一次连续飞行穿越大西洋。当林登伯格从机舱里出来的时候，此时的他无异于天外来客，给巴黎、给美国、给世界带来了巨大的震撼。沸腾的人群聚集在巴黎，汽车成行成列地拥满了整条大街。人们高呼"林登伯格万岁！美国人万岁！"林登伯格赢得了巴黎人的心。纽约人也拥到时代广场，看着林登伯格飞行进程的公告牌，不断打电话询问林登伯格的情况。林登伯格的飞行牵动着全世界人民的心。

成功飞越大西洋的林登伯格，俨然成了世界英雄。法国总统、英国皇室和比利时国王都分别授予他勋章。柯立芝总统甚至派出了一艘军舰迎接其归国，授予他卓越飞行十字勋章，还任命他作为军官后备队的上校。各种奖章和荣誉一时间纷纷涌来。

传奇的一生

林登伯格的一生充满了传奇。最成功的当数他飞越大西洋的举动，这让他收获了无数的荣耀，同时不着陆飞越大西洋的壮举也显示了航空工业的巨大发展前景。在此后的岁月里，美国航空业迅速发展，林登伯格在这一领域也不断大显身手，从此，他将毕生的精力都献给了航空

↓巴黎

事业和科学的发展。1953年，他还写了反映自己飞行经历的《圣路易斯精神号》一书，获得普利策奖。除了卓越的飞行成就，林登伯格还在考古学和医学研究方面作出了贡献，在人类资源和野生动物保护等方面也成绩斐然。

　　遗憾的是，巨大的荣誉同时也带来了灾难。盛名之累，在他第一个孩子出生后达到了极致，林登伯格年仅两岁的儿子被绑架，然后被撕票。巨大的丧子之痛影响了他的人生观和价值观，他开始厌倦了曾经绚烂的人生，渴望一份平静。为了躲避媒体的关注，为了家人的安全，林登伯格举家迁往伦敦，在欧洲开始了新的生活。

↑林登伯格和"圣路易斯精神"号飞机

北冰洋下的"水怪"

——"鹦鹉螺"号的北极穿越

千万年来，北极始终冰雪覆盖，寒气逼人。冬天千里冰封，万里雪飘；夏季冰山浮动，蔚为壮观。除了冰雪，北极好像一无所有。可是，尽管极端的严寒，尽管广袤无际、荒无人烟，北极仍吸引着人类进行不断的探索。当皮尔里开始让北极记住人类的印记，当极度安静的天地有了人类的回音——北极，不再孤寂。当人类已经从冰面上征服北极的时候，对海面以下的北极还一无所知。而探索北极海底却是比登天还要难，除了克服寒冷，还要躲避那些如幽灵般

↓北极风光

出没的冰山。有梦想就有挑战。当核潜艇出现的时候，因其先进的技术装备，潜行时的无限动力，造访北极海底不再是天方夜谭。

进军北极的尝试

当美国已经能够遨游在浩瀚的海洋观察缤纷的海底世界时，它并没有就此满足，还想知道冰面以下的海洋是否另有一番模样。坚冰阻挡不了好奇的脚步，在第二次世界大战期间，德国曾为了破坏苏联的航运线而在北冰洋的冰层下秘密活动。美国对这种作战方式表现出了浓厚的兴趣，加上北极优越的战略地位，美国决定开辟出一条北极冰下航线。

美国早就有了进行冰下航行的计划。美国海洋学家列依克早在1899年就提出了一个设想，即能否利用潜艇打通冰下航路。美国探险家威金斯首次把设想变为行动。因为蓄电池并不能长时间提供动力，所以拟定了"蛙跳"式航行的方案，设计让潜艇从一个未结冰的水域潜航到另

一个未结冰的水域，在该水域让蓄电池充好电后，再钻到冰的下面。整个航行都依靠这种跳跃最终到达目的地。为了将这个想法付诸实践，1931年，威金斯需要一艘潜艇进行试验。因为资金问题，他费尽周折才从海军那里得到一条即将退休的柴油机潜艇并对它进行了改装。迫不及待地想进行试验的威金斯从挪威的卑尔根港开始了他的梦想。但事与愿违，潜艇并没有在威金斯的期待中航行，一艘久经沙场的老潜艇再也经不起这样新鲜的刺激了。命途多舛的旧潜艇尾部升降舵最先失灵，接着一部钻冰机在途中抛锚，然后各种各样的故障接踵而至。首次试航便遭受重创，威金斯只好放弃，命旧潜艇返航。尽管威金斯的实验失败了，但是这并没有阻挡住冰下探险人的脚步，他们不断地试验和挑战，但天不遂人愿，不少人的冰下航行试验依然没有达到理想的目的。

终于，冰下航行不再是幻想。1947年，对冰下航行有着极大兴趣的美国物理学家拉伊奥实现了这一梦想。他将回声测冰仪装入一艘叫"红鱼"的潜艇中，

加上自己强大的勇气，拉伊奥创造了在冰下航行20海里的纪录。虽然航行的距离相比到达北极的行程微不足道，但仍使主张用潜艇穿越北极的人大受鼓舞。

"鹦鹉螺"号挑战北冰洋

之前进行的冰下航行，未能成功的最主要原因就是潜艇不能长时间在水下潜行。这是因为普通潜艇的动力要么来源于内燃机，要么来源于蓄电池等，能量供给有限。那么，能不能造出一种连续数月甚至数年在水下航行的潜艇呢？到了20世纪中期，经过科学家们的不懈努力，1954年1月21日，世界第一艘由美国人里科弗设计建造的核潜艇"鹦鹉螺"号诞生。

北冰洋试航筹划已久，1957年6月18日，当时机成熟时，这项任务就交给了刚刚上任的"鹦鹉螺"号新艇长——安德森。这可不是件轻松的事。众所周知，踏上北极陆地就已经是挑战人类极限，现在竟然要潜游到北极下面的大洋，谈何容易。数量众多的海面上的冰山和海底的冰柱，都足以使人望而却步。但是安杰森还是接受了命令。试航前科学家对"鹦鹉螺"号的所有仪表进行了反复调试，8月初，为了确保万无一失，安德森艇长连同航海长和拉伊奥等，乘飞机在北极上空盘旋，仔细勘查了那里的地理形势、冰山情况以及航行路线等。

↓ "鹦鹉螺"号核潜艇

↑北极一角

　　伟大的航行终于来到了。9月1日，在另一艘潜艇的陪伴下，安德森率"鹦鹉螺"号沿格陵兰东海岸行驶。经过11天的航行，"鹦鹉螺"号来到了北冰洋边缘地带。挑战即将开始。他们向着从未有人来过的北冰洋海底慢慢下潜，进入那奇异、冰冷、沉寂的冰下世界。冰下航行与普通的水下航行截然不同，尽管有阳光透进来，但是这里的水看起来是那么的灰暗。"鹦鹉螺"号在水下行驶了一段时间后，回声测冰仪发现潜艇上方有冰层空隙，原来这是一个巨大的冰窟窿。舰长安德森命令潜艇浮到水面附近，期待能够看看冰面以上的风光。可是当"鹦鹉螺"号即将出水时，其中的一支望远镜不幸被一块坚冰碰坏了。初受打击的"鹦鹉螺"号只好继续下潜航行，可是潜艇的另一只"眼睛"也被冰碰坏了。失明的"鹦鹉螺"号无法再前进了，只好返回到冰层边界处，等待潜艇前来相救。此时，它已经航行了556千米。

　　望远镜修好后，安德森指挥"鹦鹉螺"号无所畏惧地继续北上。北冰洋这千百年来积蓄的力量怎么能轻而易举地被挑战呢，事故再次降临。当"鹦鹉螺"号航行到离北极点只有180海里的时候，高纬度专用罗盘出现了故障。这不是一个无关痛痒的小毛病，它几乎使"鹦鹉螺"号失去了方向感。不过，"鹦鹉螺"号最终靠着另一个指针摇摆不定的磁罗盘返回原处。这次探险航行，尽管无缘与北极点邂逅，却创造了在冰下潜行74小时、航行2 222千米的历史性成绩。

同时，它还测得了北冰洋的深度、冰层厚度、海水温度和盐度等一系列有关北极航海的重要数据，为以后的探险航行提供了宝贵资料。

"鹦鹉螺"号穿越北极

1958年，安德森接受了一项代号为"阳光行动"的秘密任务，他将率"鹦鹉螺"号再次挑战北极。有了上一次的经验教训，安德森对"鹦鹉螺"号进行了改装，增加了13个回声测冰仪。此时的"鹦鹉螺"号比凡尔纳小说中的潜艇还要神奇，因为"千里眼"和"顺风耳"可以使它变得神通广大，在海底畅行无阻。4月25日，安德森再次踏上北极探险的征程。"鹦鹉螺"号从美国东海岸的基地起航，途径巴拿马，到达西海岸的西雅图港。按照惯例，安德森先从空中进行了考察，对白令海峡上空的冰情仔细侦查了一番。

6月8日夜，"鹦鹉螺"号从西雅图港出发，开始了又一次穿越北极的历史性航行。此次安德森没有走大西洋的旧路，而是计划从太平洋进入白令海峡，再驶进北冰洋，最终穿越北极。白令海峡极其危险，人称"鬼门关"，而它也是从太平洋通往北极的唯一通道。对于"鹦鹉螺"号来说，白令海峡是它此次历史性航行中的第一道难关，其最大特点就是海水极浅，最浅

↓西雅图港

处仅30米。北冰洋的一座座冰山就是经白令海峡涌入太平洋的。安德森知道，如果在越过白令海峡时遇到巨大冰山的阻挡，"鹦鹉螺"号就有可能被夹在冰山与海底之间，甚至有被冰山压碎的危险。6月13日傍晚，"鹦鹉螺"号躲避着时有时无的浮冰小心翼翼地驶入白令海峡。第二天清晨，他们并没有迎来充满希望的阳光，却从望远镜中看到了不断向海峡涌来的巨大冰块。一座座雄伟的冰山汹涌而来。他们最担心的事情还是发生了，"鹦鹉螺"号被夹在了冰山与海底之间，潜艇顶部距浮冰仅有8米，潜艇底部离海底只差14米。午夜时分，"鹦鹉螺"号又遇到了一座冰山，相距仅10米。"鹦鹉螺"号费了九牛二虎之力才擦着冰山底部滑过。大难不死，全艇官兵长舒了一口气。就在他们惊魂未定之时，迎面而来的冰山越聚越多，像无边无际的白色幽灵，再向前走，无异于自葬"冰坟"。面对如此紧迫的情形，安德森与冰学专家立即对此处的冰情进行了深入的分析，认为从东路越过白令海峡要比从西路容易些。安德森当机立断，决定从东路航进。但是东路也不比西路轻松多少，依然是危险重重，依然要高度警惕。最终，经过3昼夜3 148千米惊心动魄的潜航，"鹦鹉螺"号艰难地越过了白令海峡，驶入楚科奇海。

进入楚科奇海就等于进入了北冰洋。起初，"鹦鹉螺"号潜行得很顺利，探测仪也显示潜艇已经离开了"危险区"。官兵们多日紧张的神经终于可以放松一下了，安德森也准备好好地睡上一觉。但是没有人会想到，北极不仅环境高寒，而且变化莫测，一场危机正在悄悄来袭。晚上11点左右，安德森被值班军官从梦中叫醒。原来"鹦鹉螺"号船身嵌入了一座巨大的冰山中，上下几乎被夹住，情形危在旦夕。安德森镇定自若，仔细观察了一下周围的情况，冷静地指挥着"鹦鹉螺"号，终于将它带出了冰山的困缚，"鹦鹉螺"号又一次死里逃生。经过这一路走来的危险，安德森考虑到前面未知的旅程会更加艰难，本着对潜艇和全体官兵负责的态度，他不敢再贸然前行，毅然下达了返航的命令。魂牵梦绕的北极，近在咫尺的成功，又一次失之交臂。

一个月以后，北半球进入了盛夏季节，北极也迎来了它短暂的温暖。白令海峡和楚科奇海中的浮冰和冰山明显减少。安德森认为这是穿越北极的最佳时机。7月23日，安德森率"鹦鹉螺"号再次进军北极。此时的白令海峡碧波荡漾，楚科奇海也是一片蔚蓝。在飞机的配合下，"鹦鹉螺"号顺利越过白令海峡，继续前进。8月1日后，"鹦鹉螺"号驶过美国阿拉斯加最北部的马罗角，进入巴罗海谷。这是一条利于冰下航行的"河谷"。随后，海水越来越深，在深深的海水下面，再大的浮冰和冰山也奈何不了"鹦鹉螺"号。此时官兵们都很兴奋，他们的目标就在不远处了。"鹦鹉螺"号沿着既定的航线一路前进，北纬76°，北纬80°，北纬87°……准备向北极点冲刺！在全体官兵的欢呼声中，晚上11点15分，"鹦鹉螺"号从北极的冰层下平安通过北极点。在这个激动人心的历史性时刻，安德森再也抑制不住内心的情感，同全艇官兵一样，流下了幸福的热泪！当"鹦鹉螺"号核潜艇顺利穿越北极极点的消息通过无线电波传遍全世界时，亿万人都为这一历史性的突破而欢呼！

8月5日凌晨，"鹦鹉螺"号驶过北极浮冰带的夏季边缘海区，进入格陵兰海。8月5日上午9点54分，"鹦鹉螺"号终于在连续潜航了96小时走完了1 830海里的冰路旅程后"重见天日"，完成了人类历史上第一次冰下穿越北极的壮举，树立了潜艇连通太平洋和大西洋的不朽丰碑。

当"鹦鹉螺"号核潜艇从北极顺利归来时，美国另一艘核潜艇"鳐"号也开始了它的北极之行。"鳐"号的任务不是穿越北极，而是要证明核潜艇在北冰洋作战的可能性。两艘核潜艇相继征服北极，显示了人类征服自然的勇气。从此，北极的海底也不再平静，大国核潜艇相继在此争锋。

↓北冰洋洋面

科学考察

　　浩渺无际的大海，人类自古以来就对它有着深深的情感，赞扬它浩瀚无边，欣赏它包容世界。同时，人们也对它有着许多的疑问：苍茫的大海到底有多深？蔚蓝的海洋到底隐藏着怎样的世界？但是，古人除了结网而渔之外，也只有望洋兴叹。后来，勇敢者开始向着海洋发起探索，试图寻找大海的秘密，但这种努力也只是蜻蜓点水。随着陆地资源的日渐枯竭，紧迫的形势已经不容许人类对大海只抱有欣赏的态度，人类对大海的了解再也不能浅尝辄止……

北极，我们来了

——中国北极科学考察

北极，这个曾经陌生的名字，如今已不再遥远。当人类将地球的腹地开辟殆尽之后，便将目光转向了世界的尽头——南极和北极。人类造访的脚步从此便没有停歇。寒冷再也震慑不住那些为梦想、为财富而纷至沓来的人们。当世界的目光开始聚焦北极的时候，中国也不再袖手旁观，因为北极的呼吸、北极的冷暖都与我们息息相关。1999年我国正式开展了一次大规模的北极科学考察，取得了辉煌的成绩。从此，中国开始真正地了解北极，成为北极的"常客"。

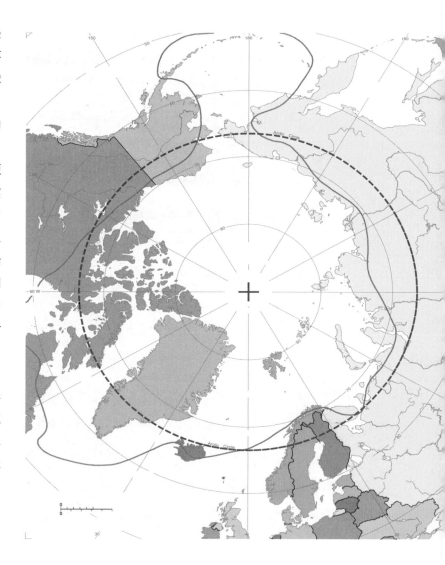

北极——未来的"白金世界"

北极极点是指地球自转轴穿过地心与北半球表面相交的点，也就是北纬90°的那一个点。人们通常所说的北极指的是北极地区，即北极圈以内的广大陆地和海洋。北极是名副其实的冰天雪地，气温常常在摄氏零下几十度。纵使极度寒冷，生命的奇迹依然在这里上演。北极存在着成百上千种植物，如地衣、苔藓和开花植物等；动物有我们最熟悉的北极的霸主——北极熊，还有那些可爱的小旋鼠、北极兔、北极狐等。而北极真正的主人则是居住在那里以因纽特人为代表的土著居民。

北极最惹人注目的是它所拥有的巨大财富潜力，不仅石油、天然气、煤炭资源和水电资源丰富，还有着大量的铁、铜、镍等金属矿产资源。1 000亿~2 000亿桶的石油开采储量和50万亿~80万亿立方米的天然气使北极被誉为"地球尽头的中东"。另外，北极丰富的淡水资源也是一笔不小的财富。在资源日益紧张的当今社会，蕴藏巨大宝藏的北极令世界各国怦然心动，尤其是号称"北极八国"的美国、加拿大、丹麦等更是摩拳擦掌，跃跃欲试，甚至有的国家已经捷足先登。此外，北极还是未来的黄金水道。如今的北极"衣服"越来越薄，而它却越来越"热"。随着全球变暖，北极冰层正慢慢融化，有专家估计大约在2040年夏天北极的冰盖将完全融化，到那时欧亚美三大洲之间便可以通过北极出现的两条新航道来交流了，这要比巴拿马和苏伊士运河方便许多。不过，冰盖完全融化对人类的生存与发展来说，也并非好事。

探索北极的印记

在国际社会的某些成员已经踏上北极的时候，那个神秘而遥远的地方对中国来说却可望而不可即。现实的形势使得我们必须放弃安步当车，去探索和了解这个我们不能置身事外的地方。1991年，高登义作为第一个登上北极的中国人，他将鲜红的中国国旗插在了北极的土地上。从此，五星红旗开始在北极飘扬。其实，我国真正的北极考察是在1991年之后进行的。经过不懈的努力，1996年，我国终于成为国际北极科学委员会的第16个成员国。而在此之前，日本是亚洲唯一加入该国际组织的国家。

1999年7月1日，我国开始首次北极科学考察。相比于以前民间组织的考察，这是一次由政府部门组织的大规模综合性科学考察。考察队伍也是相当庞大，不仅有众多的中国科学家，还有来自日本、韩国、俄罗斯等国家的科学精英，另外还有多国媒体期待着向世界展示这次伟大的历程。考察人员乘着曾经多次勇闯南极的"雪龙"号从上海出发向北极进军。"雪龙"号一路破冰斩浪，先是穿越了日本海，绕过了宗谷海峡，然后穿过了鄂霍次克海和白令海，并两次探访北极圈，之后又拜访了楚科奇海、加拿大海盆和多年海水区，顺利而圆满地实现了预定的三大考察目标：探讨了北极对全球气候变化的影响和中国气候变化与北极的联系；认识了北太平洋环流异常与北冰洋和北太平洋水团交换之间的关系；了解了北冰洋近海生态系统及生物资源对我国渔业发展的影响。初次探访北极的"雪龙"号历经71天，航行14 180海里，航行1 238小时，1999年9月9日"雪龙"号返回上海港。此次北极考察出师大捷，获取了大量的一手资料、样品和数据等。首次建立了一个北冰洋浮冰上的联合观测站，抽取了海面以下3 000

↓"雪龙"号

米深处的沉积物、5.19米长的沉积物岩芯和大量的冰芯以及浮游生物等；发现北极上空裹着的厚厚"棉被"——逆温层的屏障作用。还发现北极地区的对流层相对较高，并首次确立了"气候北极"的地理范围等，这些信息的掌握都有利于对我国季节和气候变化的研究。此次考察为我国以后的北极科考打下了坚实的基础，充分显示了我国不断增强的综合国力和日益提高的科技水平，向世界昭示着中国在21世纪将大有作为！

↑北极科考活动

从此，我国对北极的科学考察越来越深入和全面。2003年，国家海洋局组织了一次关于北极气候的科学考察，标志着我国北极考察实力达到国际水平。2008年，成功开展了第三次北极考察，在海冰快速变化和海洋生态系统响应综合研究方面取得了辉煌战果。2010年，我们开展了第四次北极科考，各项科研都取得了丰硕的成果，创造了多项纪录。对于北极，我们还会进行更多的考察。

保护北极

北极能否想到，有一天它宁静的环境会被人类的行为彻底毁坏？是否会想到自己逐渐失去的"冰衣"是人类所给予的"温暖"所致？能否想到自己的家园从此有了人类的垃圾……

如今，因为北极巨大的经济和战略价值，对北极的争夺战也日趋激烈。北极周围的国家更是枕戈待旦地策划将北极囊括在自己版图，以图在未来的世界格局中占据有利的地位。各执一词、互不相让的纷争和吵闹打破了北极原有的平静。另外，除了人类垃圾在洁净的北极大地上"点缀"外，人类制造的有害物质不光通过风和洋流的循环带到北极，也已经通过食物链进入海鸟体内，最终波及北极——那片最洁静而无辜的土地。所以，保护北极要从我们人类自身做起。收敛自己的欲望，多尊重大自然的意愿。北极可以开发，但是需要在我们的呵护下进行，请不要让这动人的纯洁过早地失去。愿我们能够保护好地球上最后的那方"净土"。

↓科学家在北极

成就冰雪王国

——中国南极科学考察

2000多年前，希腊哲学家曾预言了南方大陆的存在。一个世纪以前，地球上最后一块没有人迹的大陆，终于被冰雪勇士阿蒙森和斯科特征服。从此，南极不再是一个传说，也不再是遥不可及的世外桃源。随着人类的不断造访，南极的神秘面纱慢慢被揭开。茫茫的"白色荒漠"除了酷寒和风暴之外，也埋藏着无数的科学之谜。南极，凭借其神奇的魅力，成为人类科学探索的圣地。

随着对南极考察的深入，人们越来越认识到，南极洲与人类的生存和发展密切相关。尽管人类已经征服南极，可对于中国来说，南极依旧神秘而令人敬畏。过去太长的时间里，我们只顾扫"门前雪"而把南极这块与自己息息相关的大地，当成了无需关心的"地上霜"。当中国逐渐走向世界的时候，我们也开阔了视野，对南方那个冰雪王国充满了期待。

南极群岛筑"长城"

当美国、前苏联等国家纷纷在南极建立科学考察站的时候，南极那神奇的冰雪王国最先接待了这些积极的探望者。而中国这位远方的客人，迟迟不肯露面。其实，早在20世纪50年代，气象学家竺可桢就提出"中国人应该去南极，研究南极"。然而，由于当时条件所限，拜访南极的准备工作从20世纪80年代初才开始。

1984年11月20日，中国南极考察队带着祖国和人民的期望，以500多人的庞大阵容，乘着"向阳红10"号科学考察船和"J121"号浩浩荡荡地从上海出发，开始了他们的南极之行。万吨轮船，慢慢地离开祖国，驶向茫茫大海。纵使有台风的光顾，纵使有海浪的侵扰，船队依然雄赳赳、气昂昂地向南挺进。经过40多天的长途跋涉，梦想中的南极洲终于展现在科考队员的

↓南极洲

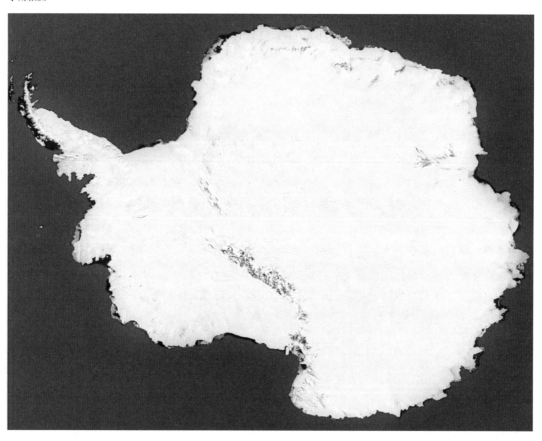

眼前。一个冰雪的世界,一片传奇的冻土——南极洲,我们来了。1984年12月30日,考察队全体人员顺利登上乔治岛,激动地把五星红旗插在了南极洲的土地上。鲜艳的五星红旗给这片银白色的世界增添了亮丽的色彩。南极迎来了黄皮肤、黑眼睛的中国人,人们欢呼着、雀跃着,内心充满了激动。

南极洲是个不毛之地,科考人员到南极之后的首要任务就是建立科学考察站,为以后的考察活动营造一个"家",提供各种后勤保障。考察站的建立要精心规划,绝不可掉以轻心草率行事。考虑当时的情形,在西南极洲选址无疑是个明智之举。尽管东南极洲离中国较近,但如果在没有破冰船或抗冰船的情况下贸然从那里登上南极,后果将不堪设想。中国第一个南极站最终定在南设得兰群岛中最大的一个岛屿乔治王岛。在这里,前苏联、智利、阿根廷、波兰等国已经设有考察站。

从1985年元旦开始,考察队全体官兵战寒风、斗霜雪,在冰天雪地里进行着伟大的建站工程。尽管南极以一种喜怒无常的性格来对待工作的人们,但中国科考勇士不怕劳累、不怕艰苦、日夜奋战。哪怕是在雨雪交加的日子里,衣服湿透了,手磨破了,没有人因为寒冷而退缩,没有人因为疼痛而叫苦。1985年2月20日,在春节这一天,考察队从南极给中国人民送上了一份厚礼——长城站正式建成!

这个伟大的壮举感动了全中国,从此,中国有了自己的南极科学考察站,与智利弗雷总统站、俄罗斯别林斯高晋站、阿根廷尤巴站等一起,傲立在乔治王岛上。

虽然长城站建在南极群岛上,但它的周围并不都是冰雪覆盖,也不是永远的银装素裹。那里也有缤纷的色彩,地衣、苔藓、藻类在南极附近也可以茂盛地生长;还有南极仅有的开花植物,或多或少增添了一些亮丽的色彩。长城站的沿海地带被人们称为冰雪中的"绿洲",因为这里是企鹅、海豹、海鸟等动物的家园,并且有不少植物生存,所以,这里也是研究南极洲生态系统及生物资源的理想之地。

尽管科考队员有着艰巨的考察任务,但他们的生活也不是一直那么单调枯燥。当南极短暂而珍贵的夏季来临时,便迎来了南极最活跃的时期。海豹、海鸟、企鹅都在度过了一个漫长的冬季后显示出自己的活力。科考队员有时候会遇到躺在冰面上的海豹,便停下脚来,与海豹一起晒个太阳,颇为惬意;甚至当早晨走出门时,就会远远地看到那些迎面而来的可爱的企鹅。考察队员也可以在科研之余在冰雪地里来一场激烈的足球比赛。当然,有时间的话还可以凿个冰洞,打上一串"笨"鱼改善一下生活。南极,生活也可以如此美好。

有20多个国家在南极洲建立了150多个科学考察站,其中常年科学考察站有50多个,其他的

↓中国南极长城站落成典礼

是夏季站或临时站。有些国家已经不满足于作为科学考察的落脚点，而是向着更大、更舒适的综合利用的方向发展。其中，以美国站的条件最好、规模最大，整个站区被誉为"建在冰盖中的水晶宫"。美国麦克默多站不仅在硬件上达到了三星级酒店的水平，还拥有完善的实验设备、先进的通讯装置和众多娱乐场所，甚至拥有飞机场和港口，每年约有1 300人在这里度夏。

南极之巅起"昆仑"

南极大陆是世界第七大陆，面积也相当广阔，那么，什么地方最具科研价值呢？那就是各国必争的南极四点：极点、冰点、磁点和高点。但是，南极点已经被美国捷足先登，建立了阿蒙森－斯科特站；南极磁点也被法国占据，建立了迪蒙·迪维尔站；南极冰点则被前苏联建立了东方站。只剩下具有"不可接近的极点"之称的冰点——冰穹A尚未被人征服。

中国在南极考察中已经比别人晚了好几步，而且长城站和中山站都建在南极大陆的边缘，这种先天不足的条件使得我们难以做出更有价值的研究。所以，我们要加紧追赶。现在的这个冰穹A或许就是我们减小与别国差距的最好契机。加上冰穹A地区所具有的特殊地理和自然条件，使其成为一系列科学研究的理想之地。中国作出了一个大胆的决定——到冰穹A点建立我国的第三个科考站，并计划于2006年前准备考察。但当得知欧洲也有国家盯住了冰穹A的时候，我国决定提前行动，派出13名勇士于2005年1月要抢先占住冰穹A。

↓冰上足球

↑ 南极极点

↑ 昆仑站

←南极冰上吊运物资

高点，因其最难征服，成为南极人迹未至的最后一点。为了祖国的荣耀，13名科考勇士迈着坚定的脚步踏上了那条充满艰辛的征程。一路上除了耳边有风啸啸而过，就只有脚踩雪地发出的"嘎吱、嘎吱"的声音。随着脚步渐行渐远，他们越来越感到孤独和恐惧。在大自然面前，人是强大的，也是渺小的，关键是要有坚强的意志和超常的勇气。就是凭着这样的勇气，2005年1月28日，13名科考队员终于闯过生死关，登上了南极之巅，首次登上了遗世独立的冰穹A，展现了人类伟大的毅力和勇气。接着，中国进行了为期130天的格罗夫山地区科学考察。因为中国率先进行了中山站与冰穹A地区的考察，所以国际南极事务委员会通过决议，准许中国在冰穹A建立考察站。之后，中国科考队进行了周密的安排和准备，建站工作正式开始。

在一片冰雪中，在一片旷野里，冰峰之站的建设突飞猛进，经过一番艰苦奋斗，中国在南极又筑起了一座坚实的科学长城。2009年1月27日，昆仑站正式建成。这是我国第一个南极内陆科学考察站，也是我国第三个南极科考站。傲立于南极"冰盖之巅"的昆仑站，气宇轩昂地宣告：中国已经成功地屹立于国际极地考察的前沿，成为第七个在南极内陆建站的国家。昆仑站的建成，成为中国从徘徊于南极大陆边缘向南极腹地深入的标志。

昆仑站的建立，充分考虑了南极的环境保护和生态平衡，是一个节能环保之站。建站的时候就尽量减少人工建筑对环境的影响，站内专门设立的污水处理系统减少了对南极水质环境的影响。昆仑站的周围是一片茫茫的白雪，方圆千里毫无人迹，给人一种与世隔绝的感觉，因此，为了减轻科考人员的心理压力，使他们能够轻松、舒适地进行考察和生活，昆仑站采用了一些非常人性化的设计。比如，考察站的室内设计多采用一些温暖、艳丽的色彩；同时，在寸土寸金的站内，还设计了一个"奢侈"的多功能活动室，虽然只有30平方米，但是功能齐全，考察人员可以在这里进行放松、休息。

中国虽然是南极的迟来者，但中国南极考察发展的步伐却相当快。长城站、中山站和昆仑站已经建成，并不断地发展完善；"雪龙"号科学考察船也成为出访南极的常客。目前，我国已经形成了"三站一船"的南极科学考察体系。20多年来，我国极地考察事业从无到有、由弱到强，书写了一页页宏伟篇章。中国正在崛起，我们的科学事业蒸蒸日上。奇迹不断出现，辉煌仍在续写。中国南极科学考察将走向更加美好的明天！

↑中山站企鹅"站岗"

↓欢迎"雪龙"号

"贝格尔"号环球航行考察

18世纪以来，英国为了获得海外殖民地和贸易航海的安全，反复进行了多次海外探险活动，其中就包括达尔文搭乘"贝格尔"号开启的第一次环球航行考察。在南美洲沿岸，在大西洋岛上，达尔文都能以一双博物学家敏锐的眼睛，捕捉到很多隐藏在造化中的秘密。各种各样的生物、大大小小的化石，都能向人类讲述时间的历史。一条生物进化的路线逐渐清晰，一颗科学新星正在崛起。尽管这是一次打着科学考察幌子寻找殖民地的航行，但无可否认的是，正是这次航行造就了达尔文这位伟大的生物学家。

机会降临

查尔斯·达尔文出生于英国一个富有的大家庭。父亲是位医生，在当地也小有名望。为了能够让达尔文继承自己的事业，父亲便将达尔文送入爱丁堡大学学医。但达尔文并没有将祖业放在心上而安心学医，倒是对自然学科孜孜以求。他热爱大自然，惊叹于造物主呈现的缤纷世界。他在大学期间经常到野外采集标本，观察各种生物。他父亲被达尔文的"不务正业"激怒了，将他送到了剑桥大学神学院，希望他能够成为一名尊贵的牧师。剑桥大学神学院的思想僵化和无聊的生活，再次使达尔文偏离了他父亲苦心规划的轨道，他将大部分时间用在听自然科学讲座和阅读自然科

↑查尔斯·达尔文

↑爱丁堡大学

学书籍上，并结识了许多当时著名的博物学家，与植物学家亨斯洛的交往尤为密切。

　　1831年12月，英国派出皇家海军军舰"贝格尔"号到南美洲考察。这次考察是打着测量和绘制南美洲海岸线图的幌子寻找殖民地。航行前，"贝格尔"号的船长菲茨罗伊决定选一名博物学家一同前往，因为这有利于途中进行地质和生物等相关方面的调查。菲茨罗伊跟亨斯洛是好朋友，所以请他帮忙物色一位合适的人选。亨斯洛立马想到了达尔文这个对大自然痴迷的人，便给达尔文写了一封信，建议他珍惜这个难得的机会随船考察。虽然达尔文一开始遭到了父亲的强烈反对，但年仅22岁的达尔文最终还是以博物学家的身份，登上了这艘空间狭小但即将改变人类世界观的舰船。

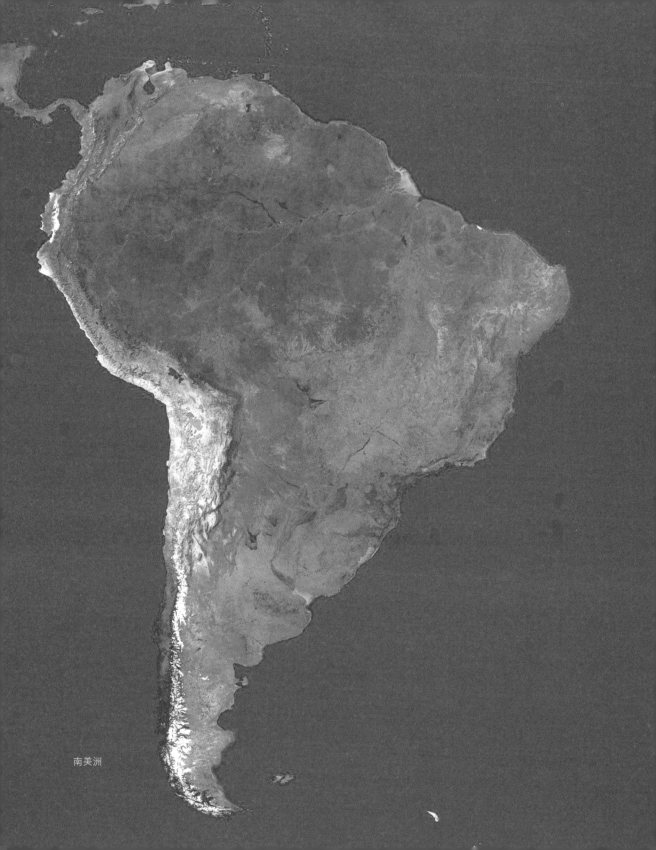

南美洲

走向南美

航行开始一帆风顺，可是后来他们却遇上了惊涛骇浪。颠簸漂泊的航行开始折磨着达尔文，使他头昏脑涨，呕吐不断，再加上船内空间狭小使得他几乎透不过气来，于是达尔文开始后悔这次出行。折磨整整持续了一周。1832年1月5日，当他们到达特纳里夫岛时，天气才有了一点好转。就在达尔文想登上小岛缓口气渴望一睹岛上的美景时，迎面而来的一艘小船挡住了他们的去路。因为当时英国本土出现了霍乱疫情，所以"贝格尔"号上的人要被隔离12天，在此之前不允许上岸。生性刚烈的菲茨罗伊船长立即调转船头离开了，他才不愿把时间浪费在无谓的等待中。

舰船继续航行着，风平浪静的时候达尔文就读读亨斯洛给他的那本《地质学原理》，书中莱尔的观点也开始慢慢地影响着他。1月16日，"贝格尔"号到达了它航行中的第一站——佛得角的圣地亚哥岛。在这里，达尔文第一次见到了令他赞叹不已的热带风光，各种奇花异草、各种色彩鲜艳的鸟儿都引起达尔文的极大兴趣。这里的美景也算是对他航行以来的补偿了。除此之外，圣地亚哥岛的地质条件也令他着迷，他仔细观察了那里的岩石和珊瑚礁，试图用莱尔的观点来解释地貌的形成，即不同的地貌形态是在漫长的时间中逐渐演化形成的而不是突发性地质事件的结果。"贝格尔"号在佛得角待了三个星期，这期间达尔文忙得不亦乐乎。在写给父亲的信中，他说道："日子过得愉快极了……虽然很忙，但很快乐。"之后，达尔文经常到岸上进行考察，大部分的时间都不在船上。当他回到船上的时候，就将整理好的信件、笔记和标本等寄回英国，亨斯洛在等着它们。

"贝格尔"号继续航行，终于，他们穿过了赤道。在这里，他们按照当地人的习惯举行了一场迎海神的仪式，奇怪的仪式使达尔文深感厌恶。赤道的天气实在是太热了，这常常使达尔文昏昏沉沉。2月28日，"贝格尔"号停在了巴西的萨尔瓦多市。他对这里的热带风光非常满意，蔚蓝的天空、清新的空气、飞舞的蝴蝶都使他欣赏不已。他在这里待了近20天，参观了热带雨林，搜集了多种动植物标本。

能"说话"的化石

4月4日，"贝格尔"号驶进了里约热内卢湾，在这里停留了很长时间。达尔文这段时间都是在巴西国内度过的。他看到了很多热带森林和野兽，搜集了大量的动物标本，但最令他难以忘怀的是那里残忍的奴隶制度。

9月22日，达尔文在彭塔阿尔塔幸运地发现了很多贝壳和巨大的动物化石的遗骸、颅骨。

为了挖出一个大型动物的头骨，达尔文花了差不多3个小时。这是一具已经灭绝了的像犀牛一样的动物头骨。

10月8日，达尔文又在那里挖出了一个巨大的颌骨和一些牙齿，他将其描述成"已灭绝的大型树懒"化石。令达尔文惊讶的是，这些化石正是从当时有树懒生存的地方发现的，尽管现有树懒个体小得多，证明了莱尔的观点是正确的，即动物会随着时间逐渐变化，以适应环境。这具骨骼后来在英国引起轰动，因为欧洲人并不知道南美洲竟有如此数量巨大的史前生物。

10月19日，达尔文和菲茨罗伊在大西洋沿岸考察，他们发现蒙特赫莫索地区的动物化石与彭塔阿尔塔的动物化石截然不同。因为这里大量的动物化石都是小型啮齿类，而不是彭塔阿尔塔地区的大型物种。之后，达尔文在布宜诺斯艾利斯买了些较大的碎骨头，他断定这是大型动物骨头的化石。11月，亨斯洛从英国将《地质学原理》第二卷寄给了远在蒙得维的亚的达尔文。书中莱尔对物种不变说进行了驳斥。物种不变说认为不同物种之间没有共同的祖先；不同

↓ "贝格尔"号

的物种只有在上帝的力量下才能奇迹般地出现，并且只能在"诞生地"生存。万一环境改变，它们只能走上灭绝之路。达尔文原来坚持的"物种不变"信念受到了冲击。

10月26日，"贝格尔"号抵达蒙得维的亚。之后，他们又到达了一个规划很整齐的城市——布宜诺斯艾利斯，短暂停留之后又回到了蒙得维的亚。11月28日，"贝格尔"号向火地岛进发。途中还算风平浪静，只是偶尔有令达尔文倒胃的暴风。随着继续前行，天气也越来越冷。12月25日，"贝格尔"号经过了麦哲伦海峡入口处，继续向南行驶。在蜿蜒曲折的海岸两边，他们看到当地的原住民在岛上燃起了堆堆篝火，火地岛由此得名。当他们绕过东火地岛的顶端圣迭戈角时，那里的"野人"给他们留下了深刻的印象。"野人"身材高大，皮肤是赤铜色的，头发又长又直，披着用羊皮做成的斗篷，不断地向"贝格尔"号吼叫。当达尔文登上岛之后，他很失望，除了一些杂乱的热带植物外，动物稀少，连空气也很阴沉。当地人的生活更是非常原始，缺衣少食。

"贝格尔"号离开这里后想绕过火地岛驶向太平洋，可是海面上持续的大风大浪使得他们只能返航。1833年2月26日，"贝格尔"号冒着大风向福克兰群岛驶去，达尔文在那里记录了一些野生生物。4月17日，"贝格尔"号来到了圣克鲁斯河附近，进行船体维修，达尔文乘着一艘小船考察了不为人知的圣克鲁斯河。5月12日，"贝格尔"号再次出海，终于在6月10日驶向了太平洋。

6月28日，"贝格尔"号停泊在了奇洛埃岛上的圣卡尔洛斯港。奇洛埃是一个山峦起伏的大岛，雨水滋润，森林茂密，而它的旁边就是著名的安第斯山脉。8月14日，达尔文出发考察安第斯山脉的地质构造。很快，达尔文就有了惊喜的发现，因为一些贝壳竟然出现在400米高的地方，而且贝壳存在的土壤层原来是海里的淤泥，里面还有很多微小的海洋生物残骸。之后，达尔文还跑到圣地亚哥转了一圈。1835年2月4日，"贝格尔"号离开奇洛埃岛，于3月11日抵达瓦尔帕莱索。在"贝格尔"号驶向门多萨的途中，他们在砂岩的峭壁上发现了一片被"石化"的森林。达尔文认为，蔚为壮观的化石树木曾经茂盛地生长在大西洋海岸，由于沧海桑田的变迁，陆地慢慢地下沉，树木就渐渐地陷入沙土之中。当沙土被逐渐压缩成岩石后，经过地壳运动的抬升，最终出现在悬崖峭壁之上，成为奇观。达尔文对于这一发现欣喜若狂，并采集了大量标本带回去。这一发现能够在某种程度上阐明沧海桑田之变的原理。6月2日，达尔文沿着海岸往北到了土地荒芜的瓦斯科。6月12日，达尔文又到达科皮亚波，在那里考察了一番之后于9月7日返回"贝格尔"号，向着加拉帕戈斯群岛驶去。

↑达尔文在加拉帕戈斯群岛发现的蓝脚鲣鸟

加拉帕戈斯群岛的发现

"贝格尔"号于1835年9月15日抵达中美洲赤道附近群岛——孤独而美丽的加拉帕戈斯群岛（厄瓜多尔控制后改称科隆群岛）。他们登上的第一个岛是查塔姆岛。可惜岛上荒芜人迹，到处都是黑色的火山岩，也没有什么树木，以致菲茨罗伊称这里是魔鬼聚集的地方。9月23日，他们又登上了查理岛，那里有郁郁葱葱的植物和黑色土壤。当地居民经常捕捉山羊和海龟，只种甘薯和香蕉。为了能够弄清楚岛上生物属于哪个范畴，达尔文努力地收集当地的动植物标本。之后，达尔文又来到了群岛中最大的岛屿——阿尔贝马尔岛，那里的温度很高，几乎使人喘不过气来。岛上有很多长达几米的大蜥蜴，它们都长相丑陋、行动笨拙，有的以海藻为生，有的吃仙人掌、树叶等。岛上还有一些大海龟，当地居民只要看一眼它背上的花纹就知道它来自于哪个岛。这里的动物似乎并不惧怕人类。达尔文在对加拉帕戈斯群岛上的动植物做了详细的调查后，得出了一个使人很感兴趣的结论：岛上鸟类、爬虫类、昆虫等种类的生物，都是这个岛上的"原有居民"，在地球上别的地方是见不到的；从不同岛上海龟之间的差别也可推及其他种类动物的差异。

另外，达尔文在加拉帕戈斯群岛还有一个重要发现，那就是他研究了不同岛屿上的10多种金翅雀。虽然这些金翅雀与美洲本土的雀类相似，但也不尽相同，而且它们本身也因岛而异。达尔文仔细观察了它们的头部，发现它们的喙之间存在着明显的差别。他认为这是物种为了适应不同岛上环境的生活而进行的改变。例如，生活在以甲壳动物为主食的岛上的雀类，鸟喙坚硬；生活在以树皮内昆虫为主食的岛上的雀类，鸟喙则尖长。这个发现使达尔文非常高兴，因为他越来越相信动物是发展演化的了。

回家途中发现珊瑚礁

1835年10月20日，"贝格尔"号离开加拉帕戈斯群岛，完成了对南美洲的考察。之后，"贝格尔"号开始穿过平静的太平洋，一路上航行得很快。他们用了三个星期抵达了此次旅行史上有名的塔希提岛。达尔文在这里欣赏了很多热带植物，尤其是一种长着好看的大叶子，叶子上又有很深切口的面包树，这是塔希提岛热带风景的独特之处。"贝格尔"号离开塔希提岛后，又经过了新西兰。达尔文一行于1836年1月12日到达了澳大利亚，随后"贝格尔"号在悉尼抛锚。这是一座新兴的大城市，市内人们熙熙攘攘，非常热情，文明程度也相对较高。3月6日，"贝格尔"号驶向了澳大利亚最南端的乔治王湾。这里的植物单调而稀少，达尔文认为这是航行中最无聊的时候了，所以离开这里的时候达尔文没有一点留恋和遗憾。

当离开澳大利亚经过印度洋的时候，"贝格尔"号接到命令调查这里的"活地貌"——珊瑚礁。这些珊瑚礁有时候环绕着岛屿，有时候仅仅是环绕着海水。珊瑚礁是由微小的珊瑚虫骨骼构成的，珊瑚虫只能生活在浅水区，依靠藻类为生。但为什么环状珊瑚礁会形成如此

↓珊瑚

完美的形状呢？莱尔在《地质学原理》中叙述了珊瑚岛形成的假说：珊瑚礁之所以成为环形是因为生活在死火山口上的珊瑚所致，然后地壳运动，死火山口上升，最终形成环礁。达尔文是莱尔的崇拜者，但这一次，他没有认同莱尔的观点。因为这种假说过于苛刻，它规定了珊瑚要准确地长在火山口上，而火山口又要恰好潜在海面附近，于是，达尔文根据莱尔的地质学理论提出了自己的论断：如果安第斯山脉正在上升，那么地球上一定有一些部分正在下降，或许下降的这部分正是印度洋。于是，新形成的岛屿和大陆沿岸浅水区就有可能生活着珊瑚。随着岛屿和大陆沉入水中，新的珊瑚为了生存，尽可能地靠近海面，从而继续在礁石的顶上生长。渐渐地，老的珊瑚死亡，礁石就留下来了。当岛屿被完全侵蚀掉之后，礁石依然可以在水面附近存在下去。

经过一番勘察，测量员们发现珊瑚礁朝向海的边缘部分通往海底。他们发现，从礁石底部敲下来的珊瑚都已经死了，这一事实证明了达尔文的推断是正确的。环形珊瑚岛就是无数小建筑师建立起来的一座纪念碑，它铭刻着从前的陆地是在什么地方销声匿迹的。

完成珊瑚礁的地质调查后，"贝格尔"号继续前行，于3月5日抵达非洲好望角。之后，他们在大西洋上航行，经过了圣赫勒拿岛，到达了巴西的巴伊亚州，最后一次欣赏这个热带的"暖花房"。9月20日，"贝格尔"号驶抵亚速尔群岛，在那里停留了6天之后直接向英国起航。终于，1836年10月2日，"贝格尔"号在普利茅斯抛锚，结束了它近5年的伟大航程。

自然之子的诞生

当"贝格尔"号1836年10月2日返回普利茅斯的时候，达尔文于10月4日回到了自己的家乡。然而当时是晚上，很有教养的达尔文为了不在半夜打扰家人，他怀着焦急而激动的心情等到了第二天早上。就在家人吃早饭的时候，达尔文走了进来，一家人相聚一堂。此后，达尔文的父亲给了他一笔不小的津贴，让他安心地钻研自己的学问。

↓达尔文故居

　　在"贝格尔"号环球航行中，达尔文尽到了一个博物学家应尽的责任。每当"贝格尔"号抛锚的时候，他就会迫不及待地到岸上去观察、记录地质现象，或采集动植物标本。所以，达尔文的大部分时间都不是在船上度过的。在"贝格尔"号航行的57个月中，达尔文将39个月花在了对陆地的研究上。经过航行途中的各种考察和研究并将无数标本运回英国，所以达尔文还没回国就已经在科学界出了名。在近5年的考察时间里，加上莱尔的《地质学原理》，达尔文逐渐相信地球是不断变化的；经过对多种动植物和化石之间的相似性和变异性的研究，达尔文也逐渐相信物种是变化和发展的。于是，达尔文逐渐从一名盲信上帝的忠实基督徒变成了一位具有独立思想的科学家。

　　此后，达尔文又观察和搜集了大量的动植物标本及地质等方面的资料，着手研究生物起源的问题，终于在1859年出版了轰动世界的科学巨著《物种起源》，全面阐释了以自然选择为基础的生物进化学说，该学说成为生物学史上的一个转折点。这引起了一场不亚于"日心说"的激烈的学术争论，因为达尔文的理论直接使得当时社会上以上帝为中心的宗教信仰受到了一定程度的质疑和打击。同时，很多人也对《物种起源》的科学性和社会性产生怀疑，达尔文的学说受到了严重挑战。正当达尔文孤军奋战的时候，著名的科学家赫胥黎挺身而出，将各种社会非议置于脑后，本着严谨的科学态度，冲破传统思想的束缚，明确表示支持达尔文。就这样，达尔文的学术思想逐渐得到了社会的承认和广泛传播。随后，达尔文又出版了《动物和植物在家养下的变异》、《人类由来及性的选择》等著作，进一步充实了进化学说的内容，达尔文成为了一位闻名世界的大生物学家。

　　达尔文是进化论的奠基人，而"贝格尔"号的环球航行则成就了他的进化论。正如他在《自传》中所写的："参加'贝格尔'号航行是我一生中极其重要的一件事，它决定了我的整个事业。"

"贝格尔"号复制船再续辉煌

在达尔文时代，有勇气进行环球航行的人寥寥无几，然而达尔文却完成了一次史诗般的环球航行考察。他那坚定不移的科学信念、无所畏惧的探索精神以及浓厚而原始的研究兴趣，为后人留下了宝贵的精神财富。近两个世纪过去了，人们却依然铭记着达尔文和那艘成就了他的"贝格尔"号。

2008年，英国为了继承达尔文的探索精神，开始研制一艘"贝格尔"号复制船，它将追寻着当年达尔文的航行路线，横渡大西洋、太平洋和印度洋，绕过合恩角和好望角，去探索世界海洋中的浮游生物。

复制船外部构造没有太大的"改头换面"，但已经配备了高级的装备，不仅在桅杆上装有全球定位系统，其内部也十分现代化，还配有雷达、两个辅助柴油发动机和实验设备等，不仅大大提高了航行的速度和考察效率，而且也使航海旅途变得更加舒适。另外，美国宇航局国际空间的宇航员参加了这次考察，为"贝格尔"号做导航，寻找水藻丰茂的区域。因为人类对大海的探索远不及对月球的研究，所以，这些大面积漂浮着的水藻与海洋是如何相互作用的，人类还知之甚少。

↓ "贝格尔"号环球航行的线路

全球海洋生物普查

　　自古以来，人类便对浩渺无际的大海充满了敬畏与好奇。大海以其神奇的魅力吸引着人类不断地探索和发现。尽管勇敢的跋涉者、游泳者和航海家等已经对海洋进行了几千年的探险，但发现远未穷尽。那么，大海到底是什么样子的呢？大海里的生物到底有多少？调查浩瀚的海洋一直是人类的梦想。终于，当人类历史的车轮转到21世纪，全世界开展了一场宏伟而艰巨的"海洋人口"普查行动。世界很多国家的科学家们齐心协力，把从北极到赤道再到南极的25个海域细细地造访了一遍。普查获得了丰硕的成果，人类又发现了很多令人惊叹的海洋新物种，对大海中这些"熟悉的陌生人"有了全新的认识和了解。但是，普查结果也有令人担忧的一面，即一些海洋生物正逐渐从地球家园消失，保护海洋环境刻不容缓。

真正的全球行动

全球海洋生物普查，并不仅仅是对海洋里的生物"查户口"，它还包括一开始制定普查任务书，汇集、展示后期的成果等等。如此宏伟而艰巨的工程，单靠一个国家的孤军奋战不可能完成，只有通过全世界不同组织以及专家和民众的共同合作，才能够全面地了解海洋及其内部缤纷的生命。

这场声势浩大的普查行动，耗资近10亿美元，由全世界80多个国家和地区的2 700多名科学家共同参与。在风风雨雨的10年艰苦奋斗中，他们进行了540多次的远航，动用了全世界一半的大型考察船和潜水器，在海上度过的总时间超过9 000天。为了不令世界人民失望，为了得到一份满意的普查结果，科学家们对大洋和海域进行了拉网式搜查，浅海和深海的，寒冷和滚烫的，阳光和黑暗的，各大海域都留下了他们的身影。为了更详细而全面地观察生物，科学家们秉着严谨的科学精神，在普查过程中兢兢业业，如对标记了的一条大小相当于人手长度的蛙鱼幼鱼跟踪了2 500千米；在太平洋的"白鲨角"花费6个月的时间观测鲨鱼，行进数千千米等等。

工夫不负有心人，这场规模庞大的普查行动在2010年结束了它史诗般的历程，人类终于完成了首次全球海洋生物普查的伟大创举，并取得了丰硕成果。2010年10月4日，科研人员在伦敦发布了全球海洋生物普查报告，还有3本汇集普查成果的著作和海洋生物分布图等。10年

间，研究人员共发表了2 600多篇论文，平均每1.5天左右就会有一篇论文问世。科学家们还建立了世界上最大的海洋生物信息库，勾勒出了迄今最全面的海洋生物"全景图"。参加普查行动的科学家们除了观察到大量的已知生物外，还发现了6 000多种与人类素未谋面的新物种，以甲壳动物和软体动物居多。据统计，大海里有约100万种的海洋生物，人类所认识的只有约25万种，对其余75万余种海洋物种知之甚少，它们大多生活在北冰洋、南极和东太平洋等未被深入考察的海域。

始于2000年的全球海洋生物普查，是人类海洋史上的伟大创举，也是一次国家间的大合作。海洋浩瀚，虽然普查只探索了其中的一部分，但普查留下的科学数据、科研方法和国际标准等有助于今后继续进行大规模海洋研究。

深海生物大发现

为期10年的首次海洋生物"查户口"工作，使科学家们发现了一个比想象中更为精彩的海洋世界，尤其是种类和数目繁多的深海生物更加令人惊叹。长期以来，"万物生长靠太阳"似乎成了一条亘古不变、无懈可击的真理，所以，深海区域一直被人们视为"荒漠"。因为那里终年不见阳光，植物无法生存，缺少了海洋植物，动物也就没有了食物来源，所以那里不可能有动物繁衍生息。在人们的印象中，深海就是生命的终点。然而，世界上偏偏有如此不可思议的事情，这片静寂的暗无天日的深海竟是许多奇异生物的乐园，这些特殊的居民，正在那里快乐悠闲地生活着。

这些来自深海的神秘生物，颜色五彩斑斓，形状多样怪异：有的长着奇异的触须，有的身

↑新发现的生物

↑红色海星

体像透明的玻璃，有的遍布斑点和条纹，看上去并不像人类的"朋友"，倒像是科幻电影中的外星人。

生活在南太平洋复活节岛附近的雪人蟹，它有瓷器般雪白而光滑的精致甲壳，两只健壮的前肢比身子还长，上面裹着看上去如姜黄色皮毛的"袖子"。可不能小看这两只大毛袖，这可是雪人蟹的保护伞，因为它生长在几千米深的海底热泉地区，热泉区会不断地喷射出令许多动物中毒的液体，而它两只毛袖中生活着大量的细菌，能够为雪人蟹消除这些有毒矿物质，从而让它能在危险重重的热泉地区存活下来。但是，如此强壮的雪人蟹竟是一位"盲人"，因为它的视网膜已经退化，完全没有视觉功能了。

天堂不是天使唯一的家园，大海中也有天使，它们既不是水母，也不是萤火虫，而是一种没有壳的娇小的"裸体"蜗牛。它们在近北极圈北纬45°以北的太平洋和大西洋浮游生长。尽管海天使一般只有扁豆大小，但半透明的身子头、腹、尾俱全，一个突出的圆脑袋，还有一对可爱的翅膀，身后还拖着一条长长的大裙子。虽然个子小，但它们也不是吃素的，每当遇到浮游性卷贝的时候，它头部那像是触角的东西就会爆裂开，从咽喉伸出六条带有吸盘的触角，以极强的逼迫力将对方扯入体内消化。一物降一物，由于海天使身体极其柔软，它也经常受到其他生物的攻击，一不小心就成了其他生物的美餐。

深海生物并不都是美丽可爱的样子，也有一些令人毛骨悚然的奇怪生物。例如，来自澳大利亚的海娥鱼，它终生生活在寒冷黑暗的环境中，而且那里很难找到食物，所以它常常要忍饥挨饿地过好几个周才能吃到一顿饭，其余的时间只有饿着肚子寻找猎物了。海娥鱼有着像魔鬼一样恐怖的容貌——惊恐的眼睛，张着大嘴，嘴里满口獠牙，而且舌头上还长有锋利的牙齿。

↑ 雪人蟹

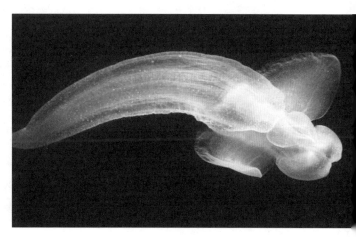

↑ "裸体"蜗牛

幸好它只有香蕉般大小，如果再大些，它将非常可怕。再如，一种在加勒比海地区找到的多毛类萤火虫，它的样子也有些吓人，看起来像一条能发光的大蜈蚣。多毛类萤火虫是环节虫的一种，在它身体两侧都长有白色中空的刚毛。刚毛里充满非常容易渗透到肉中的毒液，被碰到后，易于脱落。被它扎到后，伤口会有强烈的灼痛感，它也因此而得名。

科学家们还对寒冷而漆黑的南极海域进行了考察，为我们展现了南极绚烂的海洋世界。你见过蓝色血液的鱼吗？来自南极的蓝色冰鱼就是这样一种奇怪的动物。它的外形就像一只微缩版的鳄鱼，长着扇子状的背鳍，通体是透明的蓝色。还有一种生活在南极冰冷水域的生物，那就是来自罗斯海水下1 000米深处的大名鼎鼎的南极章鱼。它的样子十分可爱，大大的头部圆鼓鼓的，在头部中央好像还有两只微微眯起的眼睛，像是在对着我们微笑。其实，它那眯起来的眼睛并不是真正的微笑，只是头上的皮肤褶皱而已，它真正的眼睛是在头部的两侧。但这并没有影响它的受欢迎程度。研究者在对比了章鱼基因和化石资料后发现，这种可爱的南极章鱼原来是世界上许多深海章鱼的祖先。

科学家们还发现了一些更为新奇有趣的生物，比如深海栉水母，它们把家安在了日本琉球海沟水下23 700英尺的地方，是栖息地很深的生物；在大西洋比斯开湾，科学家找到了一只约8英寸长的特大号牡蛎的壳；在美国路易斯安那州海岸附近，生活着一种长约15英寸的未知软体动物；另外，还有一条长1米、寿命约600年的管虫；长着两只"大耳朵"似的鳍状物、酷似动画角色"小飞象"的深海章鱼；没有眼睛、没有胃甚至没有嘴巴，以食鲸鱼骨骸为生的吃骨虫

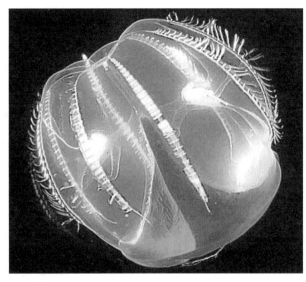

↑深海栉水母

↑南极章鱼

↑骨蠕虫就栖居在鲸鱼尸体的骨骼上，通过分解骨蛋白获取营养

等，人们不禁惊叹，这些深海生物竟有如此的多样性和生存本领。

这次海洋普查之所以能发现如此之多的海洋生物，是因为科学家们付出了大量的努力。例如，这次考察延伸到了以前很少被研究的美国东南海岸和大西洋中脊之间的深海，科学家们在这里发现了许多新的浮游动物和小型动物；南北极海底也是科学家们常驻足的地方，并向我们展示了新奇、生动的极地海洋世界；科学家们还勇敢地进入了具有"死亡之海"之称的百慕大三角，对那片传说中的恐怖海域的海底进行了为期20多天的考察，结果发现那里的生物同其他地方一样，生机勃勃，物种繁多，在获得的500种生物中有22种浮游生物是以前从未发现过的，其中的好几种鱼还是百慕大的"特产"。

科学家们研究后发现，这些神奇的生物为了能够在环境极其恶劣的深海中生存，不得不去寻找和开采维系生命的新的资源。它们以其顽强的生命力表现出了生物种类的多样性以及适应环境的多种方式，这对于人类了解深海生态有着极其重要的作用。在全球环境持续变化的今天，认识海洋已经刻不容缓，而我们的行动才刚刚开始。

海洋环境保护刻不容缓

虽然全球海洋生物普查成果显著，但前景令人担忧。因为此次普查不单单是进行水下劳作，还包括对某个海域捕鱼情况的历史整理记录，这可以帮助人们了解他们过去的行为对海洋生物所造成的影响。对于海洋生物，人类不能采取难得糊涂的态度。

尽管海洋有着世界上最强的自我净化功能，但这片深蓝能抵挡得住人类无休止的侵害吗？除了石油泄漏，污水排放、海洋垃圾等都在威胁着那些大海中的生命。加上人类对核武器的迷恋，对核工业的发展，客观上也加剧了海洋环境遭受污染的可能。海洋生物在如此严峻的形势下依然能保持着神奇的多样性实属不易。所以，人类应该多关注这些海洋居民，体恤它们的冷暖，给它们一个干净而祥和的家园。

↓海底鱼群

↓海底珊瑚

"黑色海洋"中的极限生命

海洋深处令人恐惧,那里没有阳光,到处黑漆漆的,而且水压巨大,甚至还有高温、高盐、高酸等极端环境。所以,人们一直以为深海就是生命的荒漠地带。但事实并非如此,深海并没有将生命遗忘。在那片幽深的海域里,依然存在着大量的生物,即使是在温度高达几百摄氏度的火山口和热液喷口处,它们也能生活得自由自在。因为这些生物比其他的生物更神奇、更顽强,并以崭新的面貌诠释着生命的含义。它们带给人类的不仅是惊奇,还有感激。

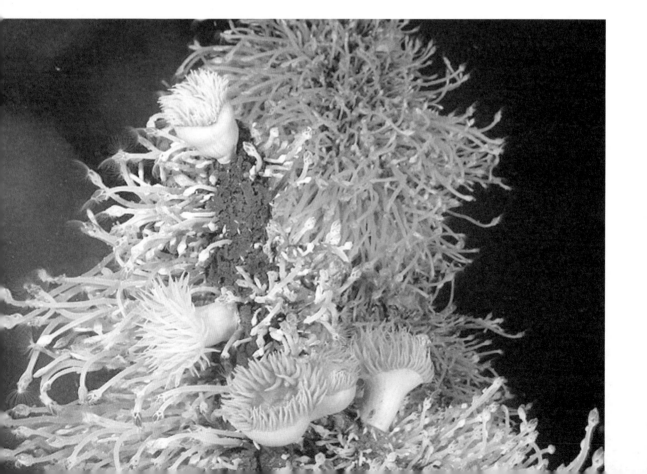

↑深海热液喷口

"黑色海洋"

你听说过"黑色海洋"吗？在我们的印象中，大海是蓝色的，像天空一样浩瀚无边。但是最近，大海又多了一个新名词——黑色海洋。

在一场"海洋经济与技术研讨会"上，中国工程院院士金翔龙首次提出"黑色海洋"的说法，让人耳目一新。黑色海洋不但没有阳光，而且高压、高盐等，条件极其恶劣，超出了我们印象中生命存在的极限。但是，在这个黑色世界中依然奇迹般地生存着大量的生物，它们并不需要进行光合作用，依然能够快乐地生活。

除了令人惊叹的生物之外，黑色海洋中还有丰富的矿产资源，像大家熟知的石油、天然气等。但是这些矿产资源是不可再生的，它们总有枯竭的一天。天无绝人之路，经过科学家们的努力，人类在海洋里又发现了大量能源，比如有一种能够燃烧的"冰"——天然气水合物，它的储量竟是石油、天然气总和的两倍！如此神奇的黑色海洋，还会带给人类怎样的惊喜呢？

生命的奇迹

人类，的确应该为自己骄傲：没有翅膀也能够在天空中飞翔，没有鳍也能在大海里遨游。但是，人类又是惭愧的，因为离开了阳光、空气等适宜的环境，人类无法生存。某些生物却不然，即使是在黑色的海洋里，在寒冷或高温的环境中也能悠然自得，生存繁衍。

美国科学家们于1977年2月乘坐"阿尔文"号载人深潜器在东太平洋下潜，当他们下潜到几千米的海底时，发现依然有生物存在，否定了深海是生命禁区的说法。尤其是在一些火山口、海底热液喷口等处，尽管那里的温度高达数百摄氏度，压力也很大，但它们的周围仍然存活着许多长管虫、蠕虫、贝类，还有蟹类、水母等形状奇特的生物群落。根据人们通常的认识，大部分动植物无法在高于40℃的环境中长期生存；当气温超过65℃时，很多细菌难以存活下来。但这里的生物即使在250℃的环境中依然能够生存，如此奇特的耐高温本领，使科学家们大开眼界。于是科学家们将这神奇而五彩缤纷、生机勃勃的海底称为"生命绿洲"。

在这些令人惊奇的深海生物中，那团团簇簇的红冠蠕虫最为引人注目，它们当中体型大的竟然长达2~3米。它们通常用白色的尾巴黏附在80℃高温的热液喷口岩石上，而将其身体的其他地方远离"高热区"，以此来保护它们柔软的身躯。但是科学家一直无法理解，为什么这种蠕虫的尾巴能够承受80℃的高温而不解体呢？这完全颠覆了人类现在所了解的生物机理，如此

↓深海生物

↑热液喷口附近的海葵和藤壶

高的温度，它们的酶、蛋白质等早就该失活变性了。这种能够忍受高温的蠕虫既没有眼睛也没有嘴巴，也没有消化系统，只能靠从管状身体顶端探出的部分过滤海水中的食物为生。那么，红冠蠕虫以什么为食呢？那些蛤类、贝类等生物又是以什么为生的呢？研究这些生物链中的初级生产者或许更有价值。

我们经常说，大鱼吃小鱼，小鱼吃虾米，虾米吃海藻。因为海藻依靠光合作用产生有机物，奠定了食物链的最初一级，所以，鱼儿才能生活。但是，在远离阳光几千米的黑色海洋中，在火山口和海底热泉处，植物并不能吸收阳光产生有机物，所以植物无法生存，其他生物会以什么作为食物呢？原来，海水在顺着地壳裂缝渗到地层深处时，海水中所含的硫酸盐会在高温、高压的作用下转化为硫化氢，就是这种有着臭鸡蛋气味的化合物成就了深海生物在海底的生存。一些细菌正是以这种令人反胃的硫化物作为食物，加上温泉热能也对它们的繁殖起了重要作用。另一方面，这些细菌也成了某些小动物赖以生存的食物来源。如成年的红冠蠕虫体内充满了这些细菌。红冠蠕虫用它们红色的鳃吸入硫化氢气体提供给共生细菌，而共生细菌为它们提供了生存的能量和营养。大的深海动物又以小的动物为食，形成了一条新的"食物链"。这些细菌并不是依靠阳光生存，而是借助一种来自地球内部的热能维持生命，这个过程叫"化学合成"。天生的耐高温，加上有食物来源，各种蠕虫、贝类等便可以在这里安居乐业了。

"不死"的细菌

我们知道，大多数细菌在65℃以上的环境中就会被高温杀死，为什么在海底热液喷口处的细菌却依然存活呢？海底热液喷口一般都在深海，压力相当大，而且温度高达几百摄氏度，可是，这里的细菌却能够安然无恙。1997年，人们在一个温度高达113℃的热液喷口处，发现仍有一种细菌大量地存活着，人们认为这就是最能耐高温的微生物了。然而，此后人们又发现了一种更加耐热的细菌，即使将它放在121℃的高

↓海底黑烟囱喷口

压灭菌锅中连续蒸煮10个小时，它依然能够存活下来并且继续繁殖。对于生物体来说，当其周围的温度达到一个无法承受的极限时，那么像DNA和蛋白质这样的复杂分子就会变性解体，但是这种细菌在被加热到121℃的时候仍能照样生存，即使在130℃的环境中仍能维持生命。这让生物学家大吃一惊，因为长时间以来他们一直认为121℃已经能够杀死所有的已知生物了，所以

↓深海生物

121℃也是医疗消毒的标准。这种细菌的出现充分说明，生物体的生存能力已经远远超出人们的想象。

虽然这些生物生活在远离人类的深海，却与人类有着密切的关系。石油可以说是支撑工业社会大动脉的血液，但是日渐枯竭的石油资源使得人类倍感紧张。今天，科学家们从深海里找到了一种能够喷射石油的管虫，这使人们喜出望外。这种奇特管虫是在墨西哥湾海下990米的深海被发现的，当科学家用机械臂从海床的坑洞中捕捉它们时，它们竟然往外喷石油！科学家表示，这种能够"吐油"的海洋生物或许会被石油公司大力追捧。另外，科研人员还在南太平洋东部发现了多种巨大的、丝状的多细胞海洋细菌。它们长期以来生活在无氧、有毒的硫化氢气体中，成为早期海洋进化过程中的活化石。科学家们设想这些细菌群落可能会对有机物污染底质进行生物修复。由于它们能够在缺氧的环境中生活，所以还可能成为寻找地球外生命的重要线索。

我们一直认为，空气、阳光、水和适宜的温度是生命存在不可或缺的条件。但当地球不具备以上条件的时候，生命依然能够顽强地存活下来，并且还在默默地繁衍。就像那幽黑而遥远的海底，竟生存着如此繁多而又令人惊叹的生命，它们成千上万年地忍受这种极端恶劣环境的煎熬，却依然能够顽强地活着。我们不能不感慨，大千世界，无奇不有。生命是坚忍的，生命是顽强的，生命本身就是一种奇迹。

↓生命的奇迹

探索深海的先行官

　　向海底探险的过程中，人类没有因为远离坚实的陆地而感到恐惧，反而更加热情和勇敢，极端环境的深海从此留下更多人类活动的印迹。6 000米、10 916米……一个个似乎难以企及的深度随着科技的进步被人们征服。从此，人类所见不仅有浅层的鱼虾，更有黑色海洋中的极限生命。人类对海洋不断深入的探索和认识，借助的是智慧与思想所创造出来的工具，深潜器就是人类征服海洋的重要工具之一。

中国"蛟龙"号成功问世

　　为了对深海资源进行有效开发，在中国大洋协会的组织下，国内科技界和海洋界与国家科技部、外交部进行深入探讨后达成研发载人深潜器的共识。2002年，"863计划"重大专项"7 000米载人潜水器项目"正式启动。根据"蛟龙闹海"的传说，这艘载人深潜器被命名为

↑ "蛟龙"号深潜器

"蛟龙"号，人们寄希望于它能在海底闹出点动静，干出些不平凡的事业。

正面看"蛟龙"号，那突出的额头看起来像一条"大鲨鱼"。这条"鲨鱼"有点胖，白而圆的身体长8.2米，宽3.0米，高3.4米，重22吨。它的头顶是醒目的橘黄色，尾部装有一个X形稳定翼，在"X"的四个方向各有一个导管推力器。这条"鲨鱼"虽然有点胖，身手却相当敏捷。更难得的是，它具有三大尖端优势。首先，"蛟龙"号具有自动航行功能，只要设定好行驶方向，便可放心考察，绝对不会像无头苍蝇般乱撞一番。更神奇的是，"蛟龙"号有着悬停定位的功能，这个功能可以使它与目标始终保持相应距离，最后，"蛟龙"号采用先进的声纳技术，可以与母船保持密切联系。声纳也充当了"蛟龙"号眼睛的角色，可防止海洋中外来不明物的碰撞。

2009年，"蛟龙"号在南海出没了20次，最大下潜深度达1 109米。2010年8月26日，"蛟龙"号载人深潜器在南海3 000多米的深海试潜成功，最大下潜深度达到3 759米。在此之前，世界上只有美、法、俄、日四国的载人深潜器达到3 500米多的深海。这标志着中国成为世界上第五个掌握3 500米多的大深度载人深潜技术的国家。此次深潜试验充分验证了"蛟龙"号的各项性能和指标，为我国以后的海洋资源调查和科学研究及更大深度的试验奠定了坚实的基础。

2011年7月更是下潜到5 188米，朝着更大的深度迈出了坚实的步伐。

"阿尔文"号——载人深潜器中的"大哥大"

1964年，"阿尔文"号载人深潜器诞生，在这之后的很长一段时间里，它将成为书写美国深潜历史的主角。"阿尔文"号身长23.4英尺，高11.1英尺，宽8.6英尺，体重为37 400磅，舱内可搭载3人。当时下海的"阿尔文"号有点青涩，只是一个钢制的载人球形壳体，最大下潜深度为2 000米，经过改装后，换上了新衣服——钛金属壳体，最深下潜可达4 500米。现在的"阿尔文"号早已成熟，在地形复杂海底的探索显得游刃有余，可漂浮和停留，摄像、拍照两不误。"阿尔文"号通常可在水下工作8个小时，它强大的生命保障系统，足够让潜艇和工作人员在水下待上72小时。

"阿尔文"号载人深潜器的主要任务是进行科学考察，如1974年，它曾帮助法国和美国科学家验证了海底正在沿着大洋中脊扩张的理论。除此之外，"阿尔文"号有时也客串点其他角色。1966年，美国一架加油机与一架轰炸机相撞，在西班牙东海岸海域坠落。坠毁的轰炸机携带有4枚氢弹，3枚落在西班牙本土，一枚掉在了地中海。为了搜寻地中海的那枚氢弹，美国海军只好求助于"阿尔文"号载人深潜器。此时的"阿尔文"号出道不久，在经过与"CURV"无人遥控潜水器一个多月的密切配合后，终于在1 000多米深的海底将这枚氢弹成功打捞出来，"阿尔文"号一夜成名。还有震惊世界的"泰坦尼克"号沉船就是被"阿尔文"号在1986年找到的，"阿尔文"号还因此登上了美国《时代》周刊的封面。

↑美国"阿尔文"号深潜器

从1964年6月5日下水至今，"阿尔文"号载人潜水器已经任劳任怨地工作了47年，执行过4 000多次深海科考任务，带领12 000多名乘客参观了海底，是当今世界下潜次数最多，元老级的载人深潜器。如今的"阿尔文"号老当益壮，仍兢兢业业坚守在第一岗位。它每年都要深潜150~200次，在海下进行科学考察。

2000年6月，伍兹霍尔海洋研究所提出了改进"阿尔文"号的建议。新"阿尔文"号将具有6 500米的载人深潜能力，有着更大、更舒适的内部环境，视野也更加开阔。新"阿尔文"号还具有更高的机动性和更快的上浮下潜速度，更先进的导航设备和图像采集显示系统。

"和平"姐妹花

1987年，芬兰按照前苏联科学院的要求建成了两艘6 000米级的载人深潜器——"和平1"号和"和平2"号。这两艘深潜器的重量均为19吨，就这一点而言，相对于其他载人深潜器算是比较苗条的。它们行动很敏捷，在水中下潜上浮速度也很快。"和平1"号和"和平2"号都装有两只灵巧的机械手，可以多自由度地抓取物体。高分辨率的摄像系统使她们可以清晰地捕捉海底风景。另外，它们还配备了12套测量深海环境参数和海底地形地貌的科学设备。"和平1"号和"和平2"号最大的特点就是"生命力旺盛"，充足的能源供给可使她们在水下待17~20小时。如此精准而强大的功能，使得它们能够30年如一日地工作，并作出了非凡的贡献。

两艘"和平"号在海底进行了上千次的科学考察活动，如对海底热液硫化物矿床、深海生物及浮游生物的调查取样，对大洋中脊水温的测量，对失事核潜艇"共青团"号的核辐射监测等，行动范围几乎遍布世界各大洋。在"和平"号的深潜生涯中，有三件事情值得一提：一是对著名电影《泰坦尼克号》拍摄过程中的贡献，电影中关于沉船的很多镜头都是由它们完成的；二是"和平1"号和"和平2"号于2002年5月27日在4 700米的深海中找到了第二次世界大战中德国最先进、最大的"俾斯麦"号战列舰；三是在"北极—2007"海洋科学考察中，下潜到北冰洋4 000多米的深海，是有史以来北极科考探险最深的一次。

　　在"和平1"号的下潜历史中，不能不提到它的一位尊贵的乘客——俄罗斯总理普京。他曾在2009年8月1日搭乘"和平1"号载人潜水器深潜到贝加尔湖水面下大约1 400米处，探索新能源可燃冰，并在水下待了4个多小时，这为俄罗斯深潜器的发展注入了一剂强心剂。

日本的"深海"之旅

　　1981年，日本海洋科学技术中心首先研制出"深海2000"载人深潜器，最大下潜深度为2 000米。1998年4月11日，"深海2000"完成了它的第1 000次潜航，圆满完成了对日本200海里经济水域约30%的调查。1987年，该中心又成功研制出"海鲀3K"号无人有缆潜水器，下潜深度可达3 300米。

　　继"深海2000"载人潜水器之后，日本海洋科学技术中心又于1989年建成了结构更坚固、潜浮速度更快、调查能力更高的"深

→ "和平1"号和"和平2"号深潜器

海6500"载人深潜器。从名字上便知，这将是深海下潜竞赛中的一匹黑马，它可以到达目前世界最大载人下潜深度——6 500米。这匹"黑马"是真正的"人高马大"，它长9.5米，宽2.7米，高3.2米，重26吨。尾巴处装有电动螺旋桨，能够推着它在海底奔跑。它还比较敏感，配备的三维成像系统，能够迅速观察到周围的事物；配备的流速仪及盐度、温度和深度传感器等，可随时感知自己身处的环境。它的功能也很好，那球形钛制耐压舱可以承载2名操作员和1名研究者在海底持续工作8小时。它还有一个绝活，就是它的采样篮可以在两个观察窗的任何一个进行取样作业，这是其他载人深潜器所做不到的。如此一匹"千里马"定要肩负重任。

　　"深海6500"自从1990年上岗以来，完成过多种任务，包括对大洋的金属结核、热液硫化物矿床等资源的勘探；开展过水深6 500米的海洋斜坡和海底断裂的调查。从地球物理角度调查了日本列岛的地壳运动、地震和海啸等。还发现了4 000米深海处的古鲸遗骨以及寄生的贻贝类、虾类等典型生物群，"黑色"海洋里不依靠太阳光的深海生命体的起源和进化问题也在其

↓ "深海6 500"深潜器

研究范围内。到目前为止，它已经完成了1 000多次的深海下潜，可谓劳苦功高。"深海6500"令世界瞩目的一点，应是它1989年8月成功下潜到6 527米深的海底，创造了载人深潜器下潜最深的世界纪录。这样的下潜深度使得日本能够在96%的海底进行探索和考察。

　　1986年，日本海洋科技中心开始着手进行"海沟"号无人深潜器的研制。经过多年努力，"海沟"号终于在1995年问世。它长3米，重5.4吨，外表呈浅黄色，装备有复杂的摄像机、声纳，还有一双灵巧的采集海底样品的机械手。巨大的下潜能力使它先声夺人，然而头几次的下潜效果并不理想。1992年夏天的一次下潜，由于缆线缠上了暗礁，而导致计划搁浅。1994年3月，当它潜到10 909米，离成功只差一点点的时候，由于承受不了过强的水压，试验被迫中止。在总结前几次的经验和吸取教训后，"海沟"号于1995年3月24日再次向目标出击，5 000米，10 500米，10 800米，10 911.4米，历经三个半小时惊心动魄的下潜后，"海沟"终于实现了它的梦想，到达世界海底最深处。这次下潜测得的海底最深值是10 911.4米，修正了由于当时条件不完备的"的里亚斯特"号测得的10 912米的海底最深值。除了探测深度，"海沟"号还进行了相关的考察活动，如样品的采集和拍摄等，并用机械手将一块写有"海沟"字样的纪念碑树立在了海底。

　　英雄气短。2003年5月29日，曾经因潜入世界最深海沟而创造世界纪录的"海沟"号无人深潜器，结束了它的深潜生涯，永沉大海。"海沟"号的失事，令人扼腕叹息。对于它失事的原因，众说纷纭。一说是"海沟"号陷在了海床的深沟里，一说是其铨链莫名其妙地断了，还有说是有人偷走了"海沟"号。无论哪种原因，"海沟"号的失踪对科学研究来说确实是一种巨大的损失。

↓ "海沟"号

浏览法国深潜器

虽然法国并不是最早进行深潜器研制的国家，但其深潜器的下潜能力却处于领先地位。1980年，法国国家海洋开发中心成功研制成"逆戟鲸"号无人无缆潜水器并投入使用。在当时各国下潜深度不到5 000米的时候，"逆戟鲸"号潜水器已经可以下潜到达6 000米深处的海底了，而且它还能够在海底进行拍摄和探测。之后，"逆戟鲸"号进行了上百次的下潜，完成了很多重大的任务。例如，它曾经帮助美国搜寻第二次世界大战期间坠落在1280米深海底的"道格拉斯无敌"式轰炸机，并进行了定位和拍摄，战绩辉煌。

1987年，法国海洋开发中心又与一家公司合作，共同研制出了"埃里特"号声学遥控潜水器。这是一种由锂离子电池提供动力的长航时自主潜航器，可以军民两用。"埃里特"号潜水器包括两种深浅和重量不同的类型。经过2002年开始进行的下海测试，重600千克的潜水器能在水下300米处工作。另一种重1 100千克的潜水器则可以在水深达3 000米处工作。"埃里特"号潜水器主要进行一些比较复杂的作业，如水下钻井机检查、海底油井设备安装、油管铺设、锚缆加固等。虽然说"逆戟鲸"号也是靠传声通信遥控的，但"埃里特"号的智能程度相对于"逆戟鲸"号来说，则技高一筹。

法国深潜器中，最出名的应该就是"鹦鹉螺"号了。"鹦鹉螺"号看上去更像一只"黄莺"，因为它全身都是亮眼的黄色。尽管这只重18.5吨的"黄莺"不算轻巧，长8米、宽2.7米、高3.81米的体形也略显臃肿，但它在海水中却相当灵活，不仅上浮下潜速度快，还能侧向移动。还有着"视力"良好的水下摄影和录像系统，可以随时观察周围环境，也能携带一个小型水下机器人，进行更广泛的探索，可以承载3个人在水下工作5小时。"鹦鹉螺"号有两只灵敏的机械手和可以当工具箱用的样品篮。

↑法国"鹦鹉螺"号（侧面）

还配备有海水取样器、岩石取芯机和温度测量仪等工具，足以使"鹦鹉螺"号载人深潜器完成多种复杂的海底作业。1984年"鹦鹉螺"号成功下潜，1985年下潜到6 000米的深度，下潜深度仅次于当时美国"的里亚斯特"号载人潜水器。

自"鹦鹉螺"号上任以来，已经下潜1 500多次，完成了多项任务，取得了丰硕成果，不仅进行了岩石、泥沙、热液矿床的样品采集，还完成了多金属结核区域调查、深海海底生态调查以及搜索沉船和有害废料等

↑法国"鹦鹉螺"号（前面）

任务。"鹦鹉螺"号在海底搜寻界是屈指可数的"明星"，它的全景声纳可以探测到200米范围内的信号，还有数个照相机多管齐下，大大提高了搜寻效率，并屡建奇功。

海洋开发的引路人

好战必亡，忘战必危。在海洋开发的交战中，并非你方唱罢我登台，每个国家都要时时保持进取的姿态。美、法、日、俄等老牌海洋大国对深潜技术的研究从未懈怠过，中国、印度、韩国等也大有望其项背之势。未来相当长的一段时间，载人深潜器仍是最主要的水下作业工具，尤其是小型载人深潜器，因为灵活、下潜深度大、安全可靠等优点而备受重视。无人深潜器因为可以适应海底复杂而危险的环境、可长时间作业、应用范围也很广，将会成为未来海底战场的主力，发展前景十分广阔。无论是哪种深潜器，其今后的发展方向都是远程化和智能化。

蓝色梦想，蓝色经济，蓝色革命，海洋世纪里对深海的探索越来越倚重于矫健凌厉的深潜器。在探索海洋、开发海洋的伟大征程中，深潜器将勇担重任，作为探索深海的先行官一马当

先。深潜技术日新月异，一个个海洋梦想随着深潜器在海洋中的深潜而实现，为世人掀开海洋的神秘面纱，展示不同深度的海洋面貌。

未解之谜

当我们不能用科学手段，去解释那些奇异的现象，当我们无法穿越时空，去证实那些神奇的传说，这些神秘的事件便成了一个个令人疑惑的未解之谜：百慕大三角、亚特兰蒂斯……

神秘的百慕大三角

百慕大三角，一个令人感到恐惧的名字，它仿佛成了死亡的代名词。细数20世纪发生的那些离奇事件，百慕大三角的那一连串飞机与轮船失踪案最让人匪夷所思。天空万里晴好，海面风平浪静，然而，船只无声无息地失踪，飞机消失在蔚蓝的天空。没有残骸，也没有求救，凭空消失，只留下空荡荡的百慕大三角。数以百计的离奇事故，非同寻常的失事现象，这些不断发生的灾难成了科学界长久不解的"百慕大三角"谜团。百慕大也几乎变成了人类难以逾越的"禁区"。究竟是什么给了百慕大如此可怕的邪恶力量呢？是变化莫测的天气，还是神奇的磁场？是未知的神秘力量，还是传说中的怪兽？神奇的百慕大展示着大自然中不为人类所知的一面。

↓百慕大三角

"死亡之海"

百慕大三角在北大西洋的马尾藻海，是指北起百慕大，向西南延伸到美国佛罗里达州南部的迈阿密，再转向东南通过巴哈马群岛，穿过波多黎各，到西经40°附近的圣胡安，最后折回百慕大而形成的一个三角形海区，称为百慕大三角区或"魔鬼三角"。之所以会划出这个区域，是因为1945年12月5日，美国19飞行队在训练时突然失踪，当时预定的飞行计划就是这个三角形。后来这个地区不断地出现事故，数以百计的船只和飞机失事，数以千计的人在此丧生。随着事故的发生，百慕大也多了一些恐怖的名字，除了"魔鬼三角"还有"厄运海"、"魔海"、"海轮的墓地"等诨号。而这些诨号又反过来烘托了这里本来就有的神秘而恐怖的气氛。

百慕大海区无法解释的神秘失踪事件，可以追溯到19世纪中叶。早在1840年8月，有人在百慕大附近海面发现了一艘名叫"洛查理"号的法国货船漂浮在那里。当时船上风帆挺立，船体几乎没有损坏，船上的食物也基本没少，货物也整齐地安放在那里，唯一的变化就是所有的船员都消失不见了，只剩下一只饿得半死的金丝鸟。人们不禁要问，这里到底发生了什么呢？为什么船员会弃船而逃？抑或是遇到什么灾难全军覆灭了吗，那为什么船

↑百慕大三角

↓百慕大三角海底

和船上的货物却完好如初呢？各种疑问萦绕在人们心头，但谁都不知道答案。不久后，离奇的事件又再次发生。1872年，人们发现一艘名叫"玛丽亚·米列斯特"的双桅船在亚速尔群岛以西的海面上漂浮着，新鲜的水果和食物仍在桌上摆放着，还有半杯没喝完的咖啡剩在那里。墙壁上的挂钟依然安详地运行着，装满机油的小瓶子也静立在缝纫机的台板上。但是船上连一个人影儿都没有，它们似乎一下子"融化"在海洋里。这一切除了能说明这艘船没有遇到风浪之外，丝毫不能解释它的主人为何弃船而去。

1945年发生的失踪案件，正是"百慕大三角"名称得来的缘由。1945年12月的一天，有着丰富飞行经验的美国19飞行队队长泰勒，带领14名飞行员驾驶着5架复仇者式鱼雷轰炸机，在佛罗里达州劳德代尔堡机场起飞后进行训练。起初一切顺利，但当飞机经过巴哈马群岛上空时，基地收到了泰勒的呼叫，像是迷失了方向，但没有引起足够的重视。之后泰勒又发了几次呼救，但电波越来越不清晰，最后消失在一片沉寂中。此时，指挥部意识到了事情的严重性，立即派一架水上飞机前去搜寻。半个小时过后，一艘油轮上的人发现了一团火焰，水上飞机竟然坠落了。短短的6小时里，6架飞机、15位飞行员一起消失。消失的过程令人十分费解。

这件离奇而惨痛的飞机失事事件令美国当局大为震惊，随后便出动了300架飞机和包括航空母舰在内的21艘舰艇，进行了最大规模的搜寻，自信满满的美国决定要将这踪离奇案件查个水落石出。然而，当他们耗时5日，搜索了从百慕大一直到墨西哥湾的每一寸海面时，依旧没有找到那6架飞机的踪影。多年过去了，对于此事的解释仍然众说纷纭。这件事情一经披露，百慕大海域也随之出了名。

↓百慕大群岛

离奇事件并没有随着时间的流逝而终止，百慕大依然施展着它的魔力。一架私人飞机于1977年2月飞至百慕大海域上空时，有人发现飞机的罗盘指针竟然偏离了几十度，饭桌上盘子里的刀叉也变弯了。当飞机飞离这片海域后，一股强烈的噪音留在了录音机中。

世界之大，无奇不有，几家欢乐几家忧。当百慕大逐渐成为航海者的克星时，百慕大群岛的人们却迎来了他们发财的机会。百慕大群岛的人十分聪明，他们有着精明的商业头脑，因为百慕大经常发生海难事故，救险工作就显得尤为重要。于是岛上居民组成的海难救险队就在瑞克丘陵和吉比斯丘陵不分昼夜地等待着海难呼救信号。一旦有船触礁，无数条大船便风驰电掣般驶向出事地点，营救死里逃生的船员，并从他们那里得到一笔丰厚的酬金。也正是因为这里海难迭发，才形成了百慕大独具特色的旅游业。

↑失事飞机

↑百慕大群岛风光

众说纷纭

从历史记录来看，1945年以后，数以百计的飞机和船只无故消失在百慕大海域。如此之多的神秘失踪事件，无法解释的离奇现象，使人们越来越感到这不只是偶然。百慕大发生的离奇事件，引起了各国科学家和有关方面的注意。究竟是什么原因导致百慕大成为令人毛骨悚然的魔鬼地区呢？人们对此提出了种种猜想。

黑洞之说，即一些具有强大吸引力的天体曾坠落在百慕大海区，它们已经变成体积极小但密度极大的物体，任何物质包括光线，只要在它旁边都会被吸进去。但它却不释放任何物质，所以人们无法发现它。它犹如一个黑洞，船和飞机受其影响，来不及求救就被吸入海中。还有人指出，百慕大三角区的海底有一股不同于海面潮水涌动流向的潜流，当上下两股潜流发生冲突时，海难就产生了。灾难之后，那些船的残骸又被那股潜流拖到远处，所以一些船只在百慕大海区失事，该处却找不到踪影。例如，在百慕大失踪船只的残骸，却在太平洋东南部的圣大杜岛沿海被发现了。

另外还有次声说、平行时空说等。

有人认为是百慕大海底巨大的磁场在作怪，因为在那里出现的各种奇异事件中，罗盘失灵是最常发生的，所以便将其与地磁异常联系在一起。地球有两个磁极，而且它们处于不断变化中，地磁异常能够造成罗盘失灵而使船只迷航。科学家们还注意到在百慕大三角海域失事的时间多在阴历月初和月中，这是月球对地球潮汐作用最强的时间。

众所周知，可燃冰是一种新发现的对人类很有价值的能源，那么，它也能给人类带来灾难吗？最近，英国地质学家克雷奈尔教授提出了一种新的观点，他认为，百慕大海域之所以经常出现沉船或坠机事件，罪魁祸首正是因可燃冰而产生的巨大沼气泡。因为百慕大海底地层下面蕴藏着可燃冰，当海底发生猛烈的地震活动时，埋在地下的块状晶体被翻了出来，因外界压力减轻，便会迅速气化。大量的气泡上升到水面，使海水密度降低，失去原来所具有的浮力。这样就会形成一个大的气泡空腔，由于压力瞬间减小，吸入恰逢此时经过的船只，它们就会像石头一样沉入海底。如果此时正好有飞机经过，当沼气遇到灼热的飞机发动机，飞机会立即燃烧爆炸而荡然无存。

百慕大三角离奇事件之谜至今虽仍未解开，但目前哈奇森提出的解释获得了最多的认同。哈奇森，这个对物理颇感兴趣的加拿大人进行了震惊世人的实验——"百慕大神奇现象再现"。1979年的一天，热衷于奇怪试验的哈奇森正在研究特斯拉的电磁波试验。当一切准备就绪后，他在静静地等待着实验结果。故事就在不经意间开始了：哈奇森在观察实验的同时感觉到有个东西突然落在了自己的肩膀上，原来是一块金属片，哈奇森没在意，

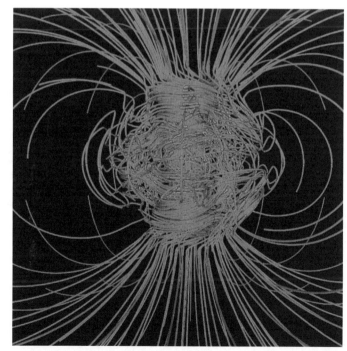

↑百慕大三角奇异事件的地球磁场解释示意图

随手将它扔了出去。但奇怪的是它又飞回来了，又打在了他的身上。这时，一根放在地上的大铁棒竟然也飞起来了，还在空中停留了一会儿才落下。为了给这些奇异现象一个科学的解释，哈奇森不断地重复着他的实验。结果又接二连三地出现惊人的现象，很多物体都能在空中逗留一阵子，像塑料、锌、铜等能在空中不断地盘旋和来回穿梭，某些物体甚至能够以飞快的速度猛烈地撞击到人的身上。只是，这样的魔幻效应没有规律可循，不是随时都可以看到的，有时候要经过好几天才可能出现一次。

经过哈奇森的多次电磁实验后，他终于厘清了这些现象的眉目。于是，更多新奇现象接踵而至，用水泥和石头建制的房子旁边可以瞬间着火；镜子会自动破碎，碎块可以冲到百米外的地方；不同材质的金属常温下便可熔合在一起，有的金属甚至可以变成泥状或果冻状的物质，在磁场消除后它们又会恢复原样，变成坚硬的金属；不同的光束和光环在空中显现；容器里面的水开始旋转……这些奇特的现象就被称为"哈奇森效应"。

人们惊奇地发现，哈奇森实验室的新奇现象竟然与百慕大三角发生的离奇现象有着惊人的相似，或者说，哈奇森效应就是百慕大种种怪象的完美再现，古怪的光亮、奇异的绿光和磷光、奇怪的漩涡云团和异常的电磁……某些实验中，有的物体也会蒙着一层灰色而朦胧的雾，在房间里如同幽灵般漂移、飞转。所以，哈奇森相信百慕大三角发生的各种离奇怪象与电磁有着密切的关系。但是电磁能够令船只和飞机消失不见吗？哈奇森认为是完全可能的。因为大自然自身就能生成实验室里制造的种种磁场，再在适当的情况下悄无声息地将船只和飞机碎裂或者隐没，抑或是消失在另外的维度和领域中去。

哈奇森效应轰动了世界。于是人们重新审视了百慕大发生的各种现象，也鉴于实验所产生的效果，人们想知道自己身边是否也有电磁"漩涡"的存在。显然，太多的自然界的秘密我们还没有解开，电磁的力量依旧不可捉摸。或许正是这股神奇力量才是打开大自然惊人现象大门的钥匙。哈奇森效应的发现，向人们展示了我们周围无处不在的巨大潜能。无论这些潜能对我们来说有益还是无益，我们都应当了解它们，重视它们。

永不磨灭的亚特兰蒂斯

　　几千年来，在欧洲、美洲和非洲民间广泛流传着一个极其古老而奇妙的传说——亚特兰蒂斯古国。相信对古代文明感兴趣的人对这个名字都不会感到陌生，因为在众多失落的史前文明中，亚特兰蒂斯是最著名的一个，它给人类留下了太多的不可思议。亚特兰蒂斯曾以其高度发达的文明，存在于大西洋上。但就是这个曾经辉煌得不可一世的亚特兰蒂斯，竟于一夜之间消失得无影无踪。亚特兰蒂斯的离奇失踪，引起了人们不断的猜想和争论。很多个世纪过去了，亚特兰蒂斯仍然使我们无法释怀。探险家们不断地追寻着亚特兰蒂斯岁月变幻的脚步，企图在它彻底消失前能够一睹真容。但是，人们能够找到真正的亚特兰蒂斯吗？

↓亚特兰蒂斯想象图

↓传说中的亚特兰蒂斯王国

消失的天堂

公元前4世纪，古希腊伟大的哲学家柏拉图在他的《对话录》中，生动地描述了一个繁荣而强大的帝国最终被毁灭的故事，这个帝国就是亚特兰蒂斯。

大西洋上有一块独特而神奇的大陆——大西洲，那里气候温和、土地肥沃、森林茂盛、风景绮丽，除了种植有多种农作物之外，还有数不清的奇珍异果、奇花异草。在这块陆地上，有一个历史悠久且高度文明的古国——亚特兰蒂斯王国。亚特兰蒂斯周围多山，中间是一块开阔的大平原。那里矿产丰富，金银成山，植物丰茂，动物繁多，是一个堪称人间天堂的王国。在雄伟壮观的王国里，宫殿林立，室宇栉比，金碧辉煌，墙壁和天花板上还绘有生动逼真的图画，雕镂和镶嵌工艺精细，堪称古代建筑和园林工艺的精华。亚特兰蒂斯人在那里过着富足和欢乐的生活。亚特兰蒂斯不仅有华丽的宫殿和神庙，还有着完备的行政机构和典章礼节。道路四通八达，运河纵横交错，还有设备完善的港埠及船只，贸易往来十分发达。同时，亚特兰蒂斯也是一个强大的帝国，它兵多将广，骁勇善战，王国有着强大的军事力量，曾征服了包括埃及在内的地中海沿岸区域。可以说，亚特兰蒂斯代表了大西洲的精粹，是文化艺术和工艺水平的集中体现。它的建筑、它的经济使它成为一座纪念碑式的城市，是其他国家的典范，这也是亚特兰蒂斯的伟大所在。

那么，亚特兰蒂斯为什么不复存在了呢？传说认为，起初亚特兰蒂斯人诚实善良，高尚天真，具有超凡脱俗的智慧。他们通过自己的辛勤劳动，创造了数不尽的财富，过着无忧无虑的生活。然而，随着时间的流逝，他们的生活变得越来越腐化，人们日日歌舞升平、醉生梦死。无休止的极尽奢华和道德沦丧终于激怒了众神，于是海神波塞冬一夜之间将地震和洪水降临在大西洲上，亚特兰蒂斯便在没有任何预兆的情况下突然沉入了海底。从此，亚特兰蒂斯在地球的大陆板块上永远地消失了。

不灭的传说

消失的亚特兰蒂斯成了人们无法解答的谜题。关于极度发达的亚特兰蒂斯文明的毁灭，长久以来都归咎于地震和洪水一夜之间沉没海底。但是，这种灾难能够使一个强大的帝国如此快地消失得无影无踪吗？于是，有人对亚特兰蒂斯的存在提出了质疑，争论由此开始。

最早记录亚特兰蒂斯传说的是古希腊伟大的哲学家柏拉图，他在公元前350年前后，记录了他的老师、大哲学家苏格拉底在公元前421年与弟子的一次对话。从此，关于亚特兰蒂斯失落的传说第一次有了较为详细的文字记载。在柏拉图《对话录》的描述中，亚特兰蒂斯是一个美丽、繁荣、技术先进的岛屿。他在书中提到过，关于亚特兰蒂斯的故事，最早是从希腊著名政治家梭伦那里得来的。梭伦是在一次埃及的旅行中无意间从一个高级祭司那里听到的，而且埃及的神殿里还刻着亚特兰蒂斯的故事。在柏拉图之前，这个故事一直在希腊口耳相传。

↑柏拉图描述的亚特兰蒂斯

但对于柏拉图的记载，人们众说纷纭。一种认为柏拉图的记载真实可靠，因为他用写实的手法具体生动地描绘了一个极其文明的古国，这可以使人相信它的真实性，亚特兰蒂斯人只不过是史前的另一代人而已。而且梭伦是个公认的诚实人，连苏格拉底也说，"这个故事好就好在它是事实，比那些虚构的故事强多了"。但也有人认为柏拉图的记载并不可信。因为柏拉图在听到这个故事后曾亲自到埃及寻找过亚特兰蒂斯的痕迹，尽管也听到了一些传说，但始终没有真实的证据。甚至有人认为这很有可能是柏拉图借鉴了过去的记忆，如米诺斯火山喷发或特洛伊战争等，从而自己勾勒出了一个令人向往的世外桃源。因为柏拉图一直提倡"理想国"，所以便虚构了亚特兰蒂斯的传说，以达到其说教的目的。

寻找亚特兰蒂斯

如此灿烂辉煌的亚特兰蒂斯竟于一夜之间消失得无影无踪，那么，这个令世人瞩目的文明到底在哪里呢？千百年来，人们一直在寻找着这个神奇的国度。古代就已经有不少探险家进行过尝试，期待着寻找到柏拉图笔下描绘的那片绿洲。中世纪晚期，在欧洲人寻找新大陆的热潮中，甚至有人将亚特兰蒂斯画在了航海图上。

1968年，一位名叫罗伯特·布鲁斯的飞行员在巴哈马群岛大礁群上空飞行时，隐隐约约地看见几米深的水下有一片方形的阴影区，而且分布很有规律。布鲁斯猜测，这可能是沉没的人类建筑，兴奋的他立即对这片海面进行了拍照。之后，他与一些探险家和科学家重返那片海域，对它进行水下

失落海底的亚特兰蒂斯 →

考察，并获得了一些宝贵的发现。原来这是一个由巨大长方形石头砌成的"T"字形结构，每块石头都很整齐地排列着，就像城墙和道路的一部分。一些地质学家和研究亚特兰蒂斯的科学家坚信这是一些人工建筑，它看起来就像是一个沉没多年的码头。于是，有人猜想这很可能就是亚特兰蒂斯遗留下的痕迹。

只要亚特兰蒂斯一天没有被人们找到，它的神秘就仍吸引着人们。20世纪70年代初，有研究人员在大西洋的亚速尔群岛附近，从800米深的海底中钻出泥芯，经过鉴定，证明在10 000年以前这里确实是陆地。这与柏拉图所描述的亚特兰蒂斯沉没的时间和地点惊人地相似。1974年，苏联的一支科考队在大西洋底拍摄到了8张照片，当把它们拼接起来的时候，竟是一座令人惊奇的宏大的古代人工建筑，有人相信这便是亚特兰蒂斯的遗址。2002年，加拿大科学家在古巴近海海底发现了8座类似巨型金字塔的建筑，而且它们分布得十分规律。还有一些白色的巨石方阵，看起来就像一座被海水突然吞没的城市的废墟。有人猜测，这或许可以给亚特兰蒂斯的存在提供一些有力的证据。在随后的探索发现中，人们在海底还找到了类似宽阔的鹅卵石道路的岩层，还有人发现了巨石墙壁、金字塔以及巨石围成的环形景观等。但是至今这些描述还缺乏确凿有力的证据，因为这些水下发现还不能确定就是人工建造的，即使是人工建筑，也不能断定就是亚特兰蒂斯的遗址。至于对亚特兰蒂斯本身，人们仍在探索。尽管亚特兰蒂斯千呼万唤也没有一展芳容，但探险家们对亚特兰蒂斯的热情丝毫未减。2011年，仍有探险队奔赴大西洋各处，找寻传说中的古代大陆。

对于海底失落文明的探索在继续，人们仍在试着解读历史的心声。尽管当时繁华的城市如今只剩下荒凉的遗址，但人们探索的热情并没有减退，神秘的海底仍在吸引着我们前行，去了解历史，了解我们人类自己。

海洋浩瀚，探索无限。从望洋兴叹到泛舟其上，从航海远行到俯冲海底，每一次艰辛的行动都需要坚忍不拔的毅力，每一个尝试者都是名副其实的海上英雄。岁月流转，矢志不渝的探索让浩瀚的大海逐渐退去神秘的面纱，一个奇异缤纷的海洋世界呈现在世人眼前。海洋以其宏大的空间和丰富的资源满足着人类的需求，寄托着人类的梦想。在新的千年里，开发海洋的竞赛正如火如荼地展开。新的征程已经开始，新的辉煌即将续写……

致 谢

本书在编创过程中，中国海洋大学极地海洋过程与全球海洋变化重点实验室的矫玉田等同志、济南汇海科技有限公司在资料图片方面给予了大力支持，在此表示衷心的感谢！书中参考使用的部分文字和图片，由于权源不详，无法与著作权人一一取得联系，未能及时支付稿酬，在此表示由衷的歉意。请相关著作权人与我社联系。

联 系 人：徐永成

联系电话：0086-532-82032643

E-mail: cbsbgs@ouc.edu.cn

图书在版编目（CIP）数据

海洋探索/傅刚主编. —青岛：中国海洋大学出版社，2012.5（2019.4重印）

（人文海洋普及丛书/吴德星总主编）

ISBN 978-7-5670-0001-8

Ⅰ.①海… Ⅱ.①傅… Ⅲ.①海洋－普及读物 Ⅳ.①P7-49

中国版本图书馆CIP数据核字（2012）第088836号

海洋探索

出 版 人	杨立敏		
出版发行	中国海洋大学出版社		
社　　址	青岛香港东路23号		
网　　址	http://www.ouc-press.com	邮政编码	266071
责任编辑	邓志科　电话　0532-85901040	电子信箱	dengzhike@sohu.com
印　　制	三河市腾飞印务有限公司	订购电话	0532-82032573（传真）
版　　次	2012年5月第1版	印　　次	2019年4月第6次印刷
成品尺寸	185mm×225mm	印　　张	10
字　　数	73千字	定　　价	39.80元